克服囤积癖

认知行为自助手册

Overcoming Hoarding

A self-help guide using cognitive Behavioural Techniques

[英] 萨万·辛格　玛格丽特·胡珀　科林·琼斯 著
Satwant Singh, Margaret Hooper & Colin Jones

李红果 译

上海社会科学院出版社
SHANGHAI ACADEMY OF SOCIAL SCIENCES PRESS

图书在版编目(CIP)数据

克服囤积癖/(英)萨万・辛格,(英)玛格丽特・胡珀,(英)科林・琼斯著;李红果译.—上海:上海社会科学院出版社,2018
(心理自助 CBT)
书名原文:Overcoming Hoarding
ISBN 978-7-5520-2478-4

Ⅰ.①克… Ⅱ.①萨… ②玛… ③科… ④李… Ⅲ.①变态心理学 Ⅳ.①B846

中国版本图书馆 CIP 数据核字(2018)第 227051 号

Overcoming Hoarding: A self-help guide using cognitive behavioural techniques
ISBN 978-1-47212-005-2

First published in 2015 in the United Kingdom by Robinson, an imprint of the Little, Brown Book Group.

上海市版权局著作权合同登记号:图字 09-2016-193 号

克服囤积癖

著　　者:(英) 萨万・辛格　玛格丽特・胡珀　科林・琼斯
译　　者:李红果
责任编辑:周　霈
封面设计:黄婧昉
出版发行:上海社会科学院出版社
上海顺昌路 622 号　邮编 200025
电话总机 021-63315900　销售热线 021-53063735
http://www.sassp.org.cn　E-mail:sassp@sass.org.cn
照　　排:南京理工出版信息技术有限公司
印　　刷:上海龙腾印务有限公司
开　　本:890×1240 毫米　1/32 开
印　　张:8.125
插　　页:2
字　　数:194 千字
版　　次:2019 年 1 月第 1 版　2019 年 8 月第 2 次印刷

ISBN 978-7-5520-2478-4/B・250　定价:42 元

目录
Contents

谨以此书献给“伦敦囤积癖治疗小组”的所有参与者。他们敢于承认自身问题，共同面对挑战，配合我们的治疗计划。正是他们的鼓励、汗水和支持，成就了本书的面世。

为何选定认知行为疗法?

本书所提供尝试帮助你解决囤积癖的方法就是认知行为疗法。在这里简要介绍这种干预形式的发展史，我想或许是很有必要且鼓舞人心的。20世纪五六十年代，一系列新的治疗技术应运而生，它们被统称为“行为疗法”(behaviour therapy)。这些治疗技术均有两大显著基本特征。一是，它们旨在以直面症状本身来消除症状(如焦虑)，而不是追究其他深层的、潜在的历史原因(传统上以弗洛伊德等人发展的精神分析为重点的方法)。第二，它们均以基于科学实证，在这个意义上讲，这些疗法的应用来源于实验心理学家从学习机制中发现并揭示出来的技术，然后把这些技术再进行实践验证。最初证明行为疗法最为有价值的领域就是针对焦虑症的治疗，尤其是特定恐惧症(例如对动物或对高度的极度恐惧)、广场恐惧症的治疗，而这些疾病在当时对于一般性的精神疗法来说是个众所周知的难题。

当最初研究的热情渐渐褪去，对行为疗法的不满开始慢慢浮现，异议的声音此起彼伏。一个重要的担心就是认为行为疗法无法克服内心的焦虑，这是众多患者正在经历的痛苦的根源。尤其是当遇上抑郁症时，行为疗法显得底气不足。到了20世纪60年代末、70年代初，一种针对抑郁症的新型疗法初为人知，名曰“认知疗法”。此法的开创先锋是一位美国的精神病医生，阿伦·T.贝克教授。他进一步剖析了抑郁症的发病原理，这种理论强调人们消沉的、抑郁的思维方式是其主要矛盾。基于这种理论，他开创了一种崭新的治疗模式。毫不夸张地说，贝克的研究成果改变了心理疗法的本质，不仅仅针对抑郁症，也包括其一系列的心理疾病的治疗。

由贝克引入的治疗技术最早与行为治疗师的行为疗法相融合，产生了后来众所周知的“认知行为疗法”（cognitive behavioural therapy，CBT）。这种疗法已经经历并承受了最严格的科学测试，并被认为是治愈抑郁症成功率最高的方法。特定的思维模式与各种各样的心理问题相关联这一事实愈发明显，通过改变不良的思维模式来对治各种心理疾病也卓有成效。因此，颇有价值的认知行为治疗也渐渐被应用于焦虑症，例如惊恐障碍、广泛性焦虑症、特定恐惧症、社会恐惧症、强迫症以及疑病症（健康焦虑），以及所涉及的其他状况，如毒瘾或者暴食症等进食障碍的治疗。实际上，认知行为疗法已被证实不仅可以应用在心理失调疾病这一狭窄的范畴内，它也被广泛且有效地应用于各种情境，如帮助人们重拾信心，帮助因体重烦恼的人群、有婚姻问题的夫妻，以及那些需要戒烟戒酒的人们。而现在本书就主要将其用来帮助囤积者。最近，因痛苦或失能而囤积物品也被认为是我们熟识的“强迫障碍”的一种表现形式。然而，囤积癖有其特殊性质，同样应该被认为是单独的一种障碍。本书提供了对囤积癖本质的详尽分析，阐述了由此引发的难题，以及有助于克服囤积癖及其带来的相关问题的特殊治疗技巧。

认知行为疗法的出发点在于认识到我们的思想、感受及行为方式三者紧密相关这个事实，改变我们看待自己、看待经历，以及我们周围的世界的方式会改变我们的感受和行为。因此，举例来说，通过帮助抑郁症患者发现并挑战他的自发的消极思维，打破消极思维与抑郁心情的死循环的路径就会被找到。同样，习惯性行为反应受到一系列复杂思想和情感的驱动，正如你会从这本书中发现的一样，认知行为疗法通过提供一种让行为、思想及情感得以控制的手段，让这些习惯性行为反应逐渐动摇削弱，使开启新的生活方式成为可能。

尽管认知行为疗法已被有效地应用至广泛的精神障碍及问题上，但是这些治疗并未在人群中普及；而当人们努力依靠自己帮助自己摆脱疾病时，他们通常不经意间让事情发展到更糟的地步。在过去的20年里，认知行为治疗师们已经开始应对这种情况。他们采取的方法就是对症下药，将特定的认知行为疗法的原理和技术用于治疗那些已被证明适用的病症，以手册的形式呈现出来以便人们可以自己应用。这些手册详细说明了系统性治疗方案，读者可以利用它们来解决各自面临的问题。通过这种方式，拥有实践价值的认知行为治疗技术可以在最广泛的基础上得到推广。

这本自助手册的使用永远不会取代对治疗师的需求。许多有行为和思想感情问题的人仍会需要训练有素的治疗师的帮助。尽管认知行为疗法已经取得了巨大的成功，但在有些人身上可能仍然不适用，他们依旧需要选择其他的治疗方法。

虽然自助手册使用的研究尚处于起步阶段，但到目前为止的工作表明，对于许多人来讲，即使没有专业人士的帮助，这样一本手册已经足以帮助他们克服自身存在的问题。令人难过的是，仍有很多人长年忍受痛苦的折磨。他们或许在没有经过自己艰苦努力一番之前很难向他人寻求帮助；或许他们觉得寻求帮助过于令人尴尬甚至难堪；或许他们已经在努力寻找帮助，但因为种种原因一直没有得到合适的帮助。如果你是这其中之一，那么这本认知行为自助手册将可以成为你改善未来生活的重要渠道！

彼得·J. 库珀教授

英国雷丁大学，2015

致谢

本书的出版首先感谢保罗·珀金斯，得益于他为此付出的辛劳、点评和颇有价值的意见，以及马克·S.艾略特为本书搭配的插图。还要感谢我们的同事们、朋友们的鼎力支持和毫无保留的帮助。

囤积癖

我们是一个特殊的群体
我们保存物品
不肯丢进垃圾箱
不肯投入回收桶

不是为装饰简朴的房子
藏匿这一切
我们喜欢让物品散在身边
等着某天能用到

各种物品成堆成摞
从图书、光盘到服装乃至不值钱的罐头盒
我们收集能看到的一切
包装盒、小摆设，杂七杂八

堆成高山，享受色彩纷呈
亮瞎你的眼
各种塞，塞进包，塞进盒子，塞成堆

尺寸不一、颜色各异的大堆小堆

小袋、大袋、可回收袋
各种可以装东西的袋
黑纸袋、绿纸袋、纸板箱
我们永不满足

然而就是这些袋子
它们带来了麻烦
没法儿走、没地儿站更没地儿坐
堆高再堆高
我们的生活空间小得可怜

我们发明了走路新方式
就像沙滩上的螃蟹
侧身走，放慢脚步慢慢找
只要一点儿落脚的地儿

我在开玩笑，但并不好笑
事实上，刚好相反
我们留着各种东西，越攒越多
但却连个坐的地儿都没有

就是我们，嗜物为癖
意识到这是个错误
我们不愿朋友看见

那是为什么让人感到难过

羞愧焦虑
自我厌恶
我们很少玩耍
呆坐在长期塞满的房子里
瞧着这些垃圾

是的，这是诗的破格
是的，我不应该咒骂
但它让我倍感凄凉
无论何时都是这样

我们并不想这样
这令我们太悲伤
致病因子就静静地躺在我们的心智中
但不意味着我们是坏的

搞怪的表情、邻居的威胁
令我们尴尬无比
我们害怕看到健康报告
报告单会送给我们吗?

家人也会伤害到我们
当他们抱怨我们的囤积物时
他们觉得我们是傻瓜、疯子或者懒虫

他们压根儿不了解我们

我们会康复吗？
有效的治疗方法存在吗？
感谢新的研究进展
我们的心慢慢解冻融化

从这种自我麻痹中走出
虽缓慢但确定有了答案
我们可以尽全力帮助他们
告诉他们事情的本来面目

R. S. H.
“伦敦囤积癖治疗小组”的一个成员

序

为何写书?

囤积癖是一种常见的心理困扰，它以这样那样地影响着很多人的生活。关于囤积癖，本书的三位作者接到过多得数不清的咨询，但是三个人的精力毕竟有限，不可能为每位患者逐一提供治疗。于是，在2005年我们成立了英国唯一一家专门为囤积者及其家人或监护人提供服务的服务性机构——“伦敦囤积癖治疗小组”。

十几年来，英国本土乃至国外的囤积者慢慢加入到小组中。我们决定以我们工作中积累的经验为基础，写成一本书，让那些不能参与和已在小组中贡献了宝贵经验的人们都能获益。我们将认知行为疗法的原理与我们的经验相结合，发展了新的疗法而且成功地用在患者身上。在开发这种新型疗法时，伦敦囤积癖治疗小组成员的参与及配合起了决定性作用。多年以来，他们的经验和成功让我们深深感觉到我们很有必要把这些成功的经验整合起来，奉献给那些受囤积癖困扰并愿意自救的人们。

一本小小的自助手册不会是灵丹妙药，也不会立竿见影，但它却是为解决问题迈出的关键一步，能够让你在朝着改造空间、改善生活的目标前进时，明确自己下一步要走的路。认知行为疗法本身是以自助治疗模式为基础的，目的是为了让个人可以自我帮助，成为自己的治疗师。深思熟虑、慢慢消化之后，你会意识到你应对困扰的能力在慢慢提升，然而如果没有你全心全意的参与，任何治疗方法也不能带来这么大的变化。本书旨在帮助你认清自己的能力，克服自身困难，最终达到摆脱囤积癖的目的。

为谁而写?

本书的撰写仅为帮助和支持：

囤积者。

囤积者的家人、朋友或看护者。

帮助囤积者的一线专业人士。

一本书永远不可能满足所有人的需要。然而，本书的指导思想是想让使用这本手册的人们能够采用其中的方法，并依照个人的需要加以运用。

本书的结构

在带领这个治疗小组时，我们从患者家人、朋友及看护人经历的困难中汲取了很多经验，我们尝试着将本书的不同章节分别按照家属、朋友和看护人的不同需要来设计。

每章都立足于某个特定领域，以便特定情境下可直接参照，因此其中的某些部分可能不能在其他情况下直接照搬。每章都包括以下部分：基本介绍、可供遵循的步骤、指导性训练、可能遇到的障碍和困难、小贴士、家人朋友必读信息以及关键信息摘要。

本书共分四个部分。第一部分讨论了囤积癖的基本情况，包括我们如何理解囤积癖，囤积癖是如何影响你，你的家人、朋友以及周围的环境。这部分也会重点讨论囤积者居住的环境卫生问题，以及囤积癖严重会导致的结果。

第二部分主要介绍一些可以自我应用的干预手段。这些干预手段经过治疗小组项目长期的观察和发展，已被证明是有效的。每个人作为独立的个体都是独一无二的，你可能会发现本书中建议的某些干预手段对你来说是一个挑战。我们会尝试提炼出一些常见的挑战或问题，并教会你克服它们的方法。

第三部分涉及如何找到方法迎接新生活。需要特别指出的是这个过程是贯穿整本书的关键部分。要想阅读这个部分，你不一定非要按部就班地阅读，可以提前翻开此章。实际上，认识到你有囤积癖的问题就意味着你已经在朝着收复空间、重塑生活的道路上迈出了可贵的第一步。

第四部分主要讨论如何保持成果，识别前进路上的陷阱，为防止病情复发制订一个计划。这也是一个值得重点关注的部分。前行的道路上总会有懈怠，会有悲观失望的情绪，甚至还会有止步放弃的想法。我们发现最好不要把这些当成是旧病复萌，而可以将其视作暂时的挫折，其中可能含有潜在的机会。制定切实可行的计划将会帮助你处理这样的磕磕绊绊，让你时刻只关注那些真正重要的方面。每个挫折都给你提供了创新的机会，将注意力放在你的恢复上，并不断练习应对困难的新技巧。我们每个人都会在每天的日常生活中遇到各种各样的挑战。我们常常在不经意间就很好地应对了这些挑战，并把这些看作是理所当然的。人类内在的适应能帮助我们在生活中做出改变。此书亦可帮助你在面临困难时，认识自己的适应能力、处理问题能力和改变的能力。

计划未来

读到这里，如果你脑海里已经有了疑问，那么我建议你把它们写下来。希望当你通读这本书后，你会有了自己的答案。而这些问题也将会帮助你识别出在克服囤积癖之旅中你可能会面临的潜在的阻碍。这在第二部分，当我们讨论干预手段时，是十分有用的。

第一部分

囤积癖

什么是囤积癖?

有囤积癖问题的人们通常会过度地保存并收集物品，而且在抛弃杂物时表现得异常困难。通常，他们会将自己生活或工作的地方弄得拥挤而凌乱，然后痛苦地发现这些空间很难发挥其本来的功能。例如，卧室不适合让人睡觉，厨房没有空间可以做饭。

当囤积问题严重到开始让人无法在家中生活得舒适安全，它就成为了问题。此外，杂乱拥塞的环境也会带来健康和安全的问题，不单是对囤积者自己，还会影响到他们的家人以及邻居。火灾是最大的危险隐患，其次是害虫滋生的侵扰。绊倒和摔倒是常见的损伤，更极端的是，有人被这些杂乱的废物掩埋致死的消息也曾见诸报道。

当囤积者接受检查，例如环境卫生局、房屋管理所及社区服务机构的定期巡查时，通常会感到非常痛苦。这些杂物会被看成危害囤积者的潜在因素，他们甚至可能因此而被起诉。而且，法律可能会裁决强制清除家里的物品，这同时也会加重情感上的痛苦，以及受到歧视与不公待遇的感觉。

DSM-5 的诊断

《美国精神障碍诊断统计手册第五版》(*The Diagnostic and Statistical Manual 5*，DSM-5)，由美国精神医学会出版。此书中收录了囤积癖或强迫囤积的诊断分类。DSM-5 是心理治疗师必备的标准手册，它对囤积癖的完全承认也就意味着今后会展开进一步的深入研究。既然囤积癖已经被归类为单独的一种障碍，便可对之发展针对性的治疗手段和治疗效果评估。

要满足以下五个条件，才能被确诊为囤积者：

1. 持续性的舍弃“财产”困难，囤积者怀有强烈愿望保留这些财产，而所谓的财产在他人来看就是无用或者价值有限的废品。他们很难做出丢弃物品的决定，或即使这样做了，也会主观上感到十分痛苦。

2. 囤积症状表现在大量收集和积累杂物。这些杂物占据了家里的活动区域或者工作区域，乃至其他人的空间，使得这些空间难以被用作其他正常用途。

3. 囤积症状还给囤积者带来社会交际、职业发展以及其他方面的巨大压力和损失。

4. 症状并非一般生理疾病的结果。

5. 症状也难以用其他心理疾病来更好地解释。

谁更易患囤积癖?

任何人都可能患上囤积癖。它对于不同职业、不同教育背景、不同地区、不同性别乃至不同年龄的人都一视同仁。囤积癖不仅仅对个人带来痛苦，还会对家中成员、看护者和朋友产生影响。通常，患者不允许亲友来家中做客。而与患者同住一屋檐下的家人会受到严格的限制，挪动或者处理囤积起来的物品会招致患者的极端反应。

人们为什么会囤积？

造成囤积癖的原因不唯一。有研究表明，创伤经历会导致囤积行为。还有患者以囤积行为作为排解精神痛苦的一种方式。还有些人对这些杂物投注了强烈的情绪或情感能量。

一些人深深相信知识的力量，于是囤积相关的物品，如图书、杂志和报纸。而对另外一些人，囤积是一个习得的行为。或许源于他们生长的家庭环境一致信奉保存杂物、善于收纳，将不浪费东西作为至关重要的家庭信条。这些可能都对他们日后的囤积行为有一定影响。

其他的致病因素还包括根深蒂固的完美主义倾向、高标准、优柔寡断、控制需求、对保留物品重要性的强大信念——尤其对那些经历过物质匮乏的人而言，物品的囤积被视为一种补偿。不仅如此，人际关系的缺失也可能会导致以物品作为替代和精神寄托行为。对这些人来说，物品代表着稳定持久，在他们的环境和生活中保持着不变的特性。积攒的物品象征着与往日愉快回忆和美好时光的链接，有助于创造一个安全舒适的环境。

囤积癖有多常见？

囤积癖是一种很常见的病症，但是因为很多人对此羞于启齿或寻求帮助，所以具体患病人数难以统计。在现实生活中，几乎每个人都有囤积的特质，但是并不意味着每个人都会患病。粗略估计，4%—6% 的人有囤积癖。随着媒体的关注，寻求帮助的人数在增加，越来越多的患者开始认识到他们自身的问题。还有一些人只有在他们需要修整房屋，或者听到各种抱怨（来自邻居、家人朋友，或社区服务机构）时，才会意识到自己患有囤积癖。

囤积什么？

任何物品，也就是一切都可以作为囤积的对象。正如每个人都是独立的个体，他们选择囤积的物品也是一样。常见的物品比如服装鞋帽、照片、陶器、家具以至各种动物。囤积的物品对于囤积者来讲有着特殊的意义、价值或者用处。在某些极端的病例中，患者囤积着意想不到的东西，如粪便和尿液——但即使这样，这些囤积物也一定与患者自身有着某种关联性。

物品对于囤积者而言可以有着直接或者间接的意义。直接的意义在于某些物品是亲自购买或获得，有可能是馈赠的礼物，也可能是继承所得。间接的意义是指它们与其他对囤积者有特定意义的物品有联系，但与个人没有直接的关联。一场音乐会的节目单会被保存，因为它代表着听音乐会的美好回忆。

囤积在哪里？

虽然囤积者可能把东西藏匿在任何地方，但家里是最常见的囤积场所。车库、储藏室或办公室都是可能囤积的地方。通常，朋友们或者家人会因善意提供临时储存场所而被囤积者连累其中，结果是自己的环境也变得杂乱不堪。

囤积癖对于个人、他人及环境的影响

囤积癖对于个体的影响表现在不同层面上。首先，环境被弄得杂乱不堪，没有舒适的生活空间。第二，人际关系深受影响。第三，参与正常活动的能力被破坏。最后，别人的指责和侮辱引起的羞耻、焦虑和恐惧等情感常常会导致社会孤立。

囤积者有强烈的控制居住空间安排的意愿，那些与他们在同一环境生活的人们也会经常表现出高度紧张、焦虑。他们在居住空间的活动范围是受到严格限制的；因为居所的杂乱，他们根本没有自己的空间。这样，家庭成员经常会在环境中对彼此产生相当大的怒气。这种紧张的关系会直接导致人际关系的恶化。

因为这样的环境，家人通常也不会邀请朋友来家里做客，生怕朋友们会评价家里的囤积者。随着时间的推移，囤积者的人际关系状况会逐步恶化，以独居和孤单告终。

房屋内杂物的囤积阻止了修缮和维护工作的正常进行，工人很难进入也不愿意进入堆满物品的房间。从长远来看，这会导致各种设备进一步的损坏。许多囤积者住在没有供暖、没有热水的房屋里，因为热水器发生故障，而他们又不能请人上门正常维修。因此，他们只能依赖其他供暖方式，诸如电加热器或者电吹风，但是这会给他们带来更多的安全隐患，电加热器会点燃囤积物引发火灾，从而危及家人、邻居以及财产。如果囤积物是食品，那么还会有引发害虫滋生的危险。

囤积者甚至会受到环境卫生法律的制裁。因为法律存在的意图在于最大程度地保护人民的安全，确保他们生活的社区是安全的，并把潜在危害降低到最小。

如果囤积者被视为有社会危害性，那么他们会受到民事法律的管制。在英国，有不少人因违反“反社会行为令”（anti-social behaviour orders，ASBOs）而受罚，该法令具有强制约束性和惩罚性，当然判罚定性会考虑他们是否有心理疾病的因素。

我们从研究中知道了什么？

近期的研究表明，囤积癖本身就是一种心理障碍。令人鼓舞的是，这项研究也表明，对于那些积极参与治疗并乐于改变的人来说，治疗是非常有效的。多年以来，针对囤积癖的治疗在不断发展和完善。

其他健康问题

囤积者除了饱受囤积癖困扰外，很可能也患有其他心理疾病。情绪低落、焦虑紧张是最为常见的情绪，而其他的心理状态还包括强迫性神经症（obsessive-compulsive disorder，OCD）、注意力缺陷多动障碍（attention deficit hyperactivity disorder，ADHD）、创伤后应激障碍（post-traumatic stress disorder，PTSD）、丧亲障碍、适应障碍（因失恋、失业或居所变迁等变化情况引起的难以适应现状）。这些其他的心理问题会影响囤积癖的治疗。比如，如果患者正经历着抑郁的折磨，那么抑郁会影响他们参与囤积癖治疗的能力和意愿。除了心理健康问题，人们也可能会受到与心理疾病有关的生理上的疾病的困扰。

囤积癖的治疗

针对囤积癖治疗的早期研究大多基于认知行为疗法，该疗法曾用来治疗强迫性神经症。事实上大多数寻求帮助的囤积者也表现出了强迫相关症状。这方面的研究数量较少，参与者的情况也没有太大改善。囤积癖一度被认为是强迫症的一种，因此，当时的治疗不够有针对性。

但是，在过去的几年中，研究专注在认知行为疗法模式的基础上，专门针对囤积癖提供特定的治疗手段。研究结果表明这样更加有利于囤积癖的治疗。这些治疗方式多种多样，从个体治疗到团体治疗、网络咨询到面询，以及治疗室之外的家庭作业都有涵盖。研究已经证实，为了让治疗更为有效，就需要将心理诊疗室之中与之外的治疗两者相结合。

囤积癖的药物治疗

研究表明，药物治疗对于囤积癖没有效果。然而，对于那些同时还有其他心理疾病，如抑郁症或焦虑症的患者，药物治疗在改善心情、减少焦虑方面或许有些帮助，因此对囤积癖治疗的改善有一定的积极作用。但切记，服用药物前务必咨询医生或精神病学家。如果你患有类似疾病并在服药期，请务必遵医嘱。如果有任何疑虑或担心，应该咨询医生，在未与医生事先讨论的前提下，并不提倡停药行为。

关键信息

- 囤积癖的特点是过度收集物品，储存占有并难以舍弃。
- 囤积癖现阶段被认定为一种心理障碍。
- 囤积癖在不同层面和意义上影响和困扰着患者本人、他们的家人及朋友。
- 囤积癖会导致患者社交活动减少，甚至社会孤立。
- 几乎每个人都会有囤积的倾向，患有囤积癖的人群占总人口的 4%—6%。
- 囤积癖的病因是多方面的。
- 囤积者囤积他们认为有用的、有意义的一切。
- 囤积者或可能患有其他心理疾病，如抑郁症或强迫症。
- 研究已经表明，认知行为疗法对囤积癖的治疗十分有效。
- 药物治疗有助于其他共患的心理疾病。
- 已立法的环境卫生法为保证他人的财产生命安全、维护建筑物的整洁，会强制清除家中囤积物。

如何得知自己有囤积癖?

经常有人会问起，“我怎么知道自己有囤积癖呀?”这是一个完全合理的问题，因为意识到并接受自己有囤积癖一点儿都不容易。近期关于囤积癖这个话题的电视节目很多，甚至有了专门的囤积癖有线电视频道。作用好坏就要分两头说了，一方面给了需要帮助的患者以希望，有积极意义；另一方面，过多的展示和暴露可能会让囤积癖蒙上污名，有了负面影响。

媒体传播信息，提高了对囤积癖问题的关注度，但是同时很多节目中揭示了这种障碍带来的窘境，使患者蒙羞。其实，关键在于囤积癖在以不同方式影响着人们的生活。相比于这种问题如何困扰着人们的生活，其病理性标签或者诊断都不应过分被强调。

但是几乎每个人都有囤积的倾向，我们都喜欢保留对自己有意义的物件儿，我们怎么能说知道自己有心理问题呢？你可以通过问以下问题来帮助确认自己是否患有囤积癖：

你是否在居住环境中行走很困难，比如会撞翻东西？要侧着肩膀走路？要贴着墙边走？

你居住环境中的物品是否太多了，以至于它们不能按照预期被合理使用？比如，床上是否堆满杂物而无处睡觉？厨房是不是没有空间可以烹饪？卧室中是不是需要重新规划才可以合理使用？

你是否避免邀请家人或朋友来家里做客？

你是否经常买些你不怎么用的东西并储存起来？

你是否有很多同样的东西？

你是否很难在家中找到你需要的物品，比如文件、衣服或书籍？

你是否在没有经过长时间的考虑之前，很难丢弃物品？

你是否会在需要抛弃物品时表现得犹豫不决，迟迟难以下定决心？

你是否会在不得不丢弃物品时感觉到痛苦或不安？

你是否在丢弃物品前花费很长时间做决定？

你是否将保留的物品送出时感觉很不舍？

你是否在使用你拥有的物品时很不情愿，比如衣服？

你是否喜欢保存已经用旧了的东西，比如过大或者过小的衣服？或者空盒子？

你是否发现自己在抛弃了某些物品后，还会从垃圾箱里把它们捡回来？

你是否总是担心自己会健忘？

如果你答案中的“是”大于或等于5个，那么你要仔细问问自己：“我的空间或者生活有没有被我拥有的东西影响？”如果答案是肯定的，那么你或许有囤积癖。你也可以问问你信任的家人或者朋友，向他们咨询意见或建议是非常有用的。他们有没有认为你有囤积癖？

当然，判断我们的空间中是否塞了过多的杂物（囤积者眼中的财物）是一件非常困难的事情。我们对我们的生活环境非常熟悉，并习以为常。有时我们会对自己说，我很好，没有任何问题——我们或许会这样安慰自己，这些杂物是暂时存放的，等有更多的储存空间或者等我想扔掉一些东西时我会整理的。

什么是心理治疗?

心理治疗，在最简单的意义上，就是对于心理障碍的处理。在我们的经验中，任何能够给你些许安慰的东西对你来说都是一种心理治疗。比如说，与朋友聊关于你紧张的处境就是一种治疗。心理治疗不拘于形式，不限制场合。

自助治疗（self-help）就是一种非正式的心理治疗。自助治疗就是利用自己的资源，自我修复，以便让自己重新回归正常生活轨道。我们中的每个人都能在某种程度上采用这个方法处理自己的问题。

我们撰写本书的方式就是把你放在旅途中的驾驶座上，让你自己成为自己的救助者和治疗师。针对囤积癖的治疗，你可以自由控制投入的时间和行进的速度。

通常，当我们感觉被问题打倒而不知所措时，就无法处理接踵而来的难题。而这本书给作为读者的你退后一步的空间，给你喘息再战的时间。如果你仔细思量你的一生，你大概会发现，你一直在与各种挑战作斗争，并且还会不停地持续斗争。有时你可能意识不到你已经处理和应对了那么多生活中遇到的困难。这次又将开始一段旅程，将收回空间和重塑生活作为旅行的第一步。

心理治疗

不同的心理治疗方式适合对应不同的心理疾病。本书的治疗策略基于认知行为疗法的理论，是一种谈话疗法。它是经研究检验最为成功的心理疗法之一，临床的结果已经证实该疗法对于一系列心理问题的治疗均卓有成效。

认知行为疗法最基本的形式是通过调整我们对特定情境的信念和思维，来影响我们的情绪感受和应对方式，如下图。

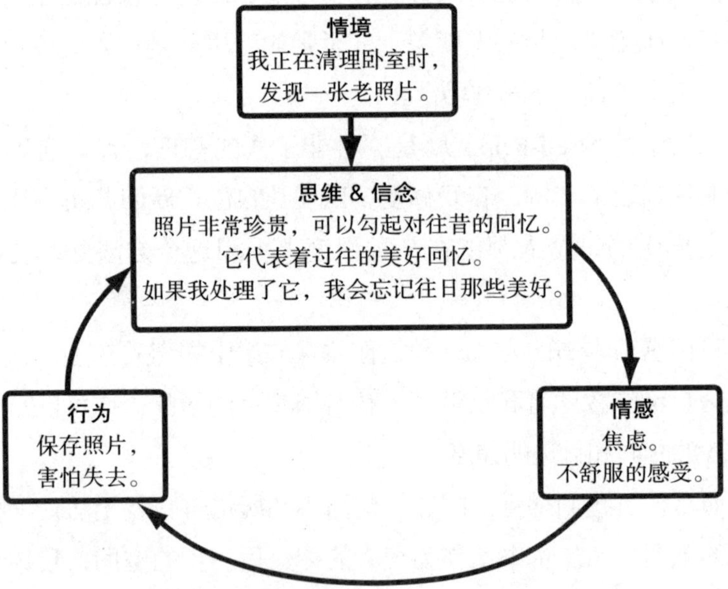

我们可以从图看出，我们看待或者解释某一情境的方式会影响我们的感受以及对该情境的反馈。认知行为疗法关注任何日常行为的三个组成部分：思想、情感和行为。认知行为疗法可以用来对我们自身遇到的一些困难加以干预。本书将主要围绕认知行为疗法强调的三个组成部分展开。本书准备了大量的针对性练习，读书本身不会带来变化，我们需要把理论运用于实践来推动整个变化的过程。这就像看一档美食烹饪节目；若想享受如电视里看到那般的美食，你就必须亲自准备，尝试烹饪。第一次尝试所做出的菜肴或许并未符合你的想象，但是逐渐练习会越来越好。心理治疗的作用机理与此极为相似。在认知行为疗法的运用中，反复练习非常重要，你练习得越多，就会发现你做起来越是得心应手。你可以逐步发展出应对自己问题的技巧和方法，你的进步会激发自己更大的积极性。

与其他的心理疗法一样，认知行为疗法帮助你了解更多有关你自身问题的知识。你会学会识别事件的导火索，了解事情如何发展，如何有效地干预。你或许永远不会知道导致你患上囤积癖的所有原因，但认知行为疗法会提供一种让你从实践意义上克服囤积癖的方式。

要始终记得，不要企图改变过去，而是要注重当下，以及你想要拥有的——你杂乱的物品和囤积的毛病得到解决，生活重回正轨的——将来。

本书包含哪些方法？

我们可以帮助你设立一个有关你理想中的居住空间和生活是什么样的愿景。接下来的步骤就是激发你的积极性，了解你的问题所在，按部就班地分步练习，帮助你处理囤积癖及其带来的后果。你要始终记得，你对自己的问题享有最终解释权，你只需要对自己负责。没有任何人可以强迫你做你不愿意的事情。当你遇到疑虑或困难时，回到最初设想的愿景，这样会帮助你作出选择来解决问题。

本书中的练习是基于我们在“伦敦囤积癖治疗小组”中遇到的问题而设计的。我们试图发现潜在的种种困难，并以我们团队工作的共同经验为基础提供各种解决方法。因为每个人都是独一无二的，每个人遇到的困难也各有不同，我们不可能穷尽所有的困难和问题，但是我们可以帮你理解解决问题的准则和原理，这就是自助治疗的精髓。每天抽一点时间，仔细想想自己一天中遭遇的种种状况。你会发现，你其实一直在运用你的技巧和知识，你也能够将这些技巧用来处理其他的问题。

常常练习会帮助你走出困境，因为这些练习会让你能够掌控你所面临的挑战，记住这一点很重要。这些练习也正是针对囤积者的主要问题设计而成。

生活是个旷日持久的过程，那些对我们来说重要的事情，比如我们的自助治疗，可能有时会被放在第二、三位，甚至完全被忽视。要确保收回被占用的空间以及重塑自己的生活处于高优先级，这一点至关重要。

我们所提倡的自助治疗，部分理念就是要保证我们居住的环境是安全而舒适的。有时，当我们没有把我们的空间看做自助治疗的一部分，我们就会发现我们还在囤积。在我们克服囤积癖的过程中，你或许需要仔细考量你处理各种事情的优先级，以便更为高效地处理杂物。

关于认知行为疗法你已经有了一定的了解，现在你正迈步走在成为你自己的治疗师的路上。在第二部分，你可以开始处理你的种种囤积问题了。记得，每次只走一步，这样才可以有条不紊、循序渐进。在下一章，将具体讨论一些基本原理，这将为你在正式开始练习前打下坚实的理论基础。

关键信息

- 心理治疗是针对心理障碍的处理。
- 任何人都可以成为自己的心理治疗师。
- 计划你的心理治疗方案，以适应自己的步伐。
- 认知行为疗法是久经科学验证的谈话疗法之一，拥有良好的临床疗效。
- 认知行为疗法聚焦于我们的思想、情感和行为。
- 认知行为疗法基于自助模型，并有一系列任务和练习来帮助你提高处理问题的技巧。
- 充分了解自己的问题是走向康复的第一步。
- 收复居住空间、重塑生活之旅需要你在已掌握的技能的基础之上不断进行各种练习。

家庭和朋友

囤积癖的影响会波及患者亲近的人。本章我们将讨论如果你是囤积者的朋友或家人的话，你该怎么办？

家中的某些地方会变得难以进入（被塞满），也可能会带来健康和安全方面的问题。财务问题包括囤积者或许会购买许多件同样的物品，甚至毫不需要的东西。这样或许会导致未付款的账单以及随之而来的滞纳金，在某些情况下还会导致无力应对必要的开支。当你善意的动机看起来毫无用处甚至会让事情变得更糟糕时，无助或沮丧的情绪就会让你痛苦不堪。

当亲人们还未意识到家人患上囤积癖时，囤积癖已经让彼此间关系开始紧张。不知不觉地，家人和朋友或许也会被迫满足囤积者的意愿——比如，放弃衣橱里或书架上自己的空间来堆放囤积者更多的物品。然而，当有人接近囤积者时，你需要保证你没有陷入一个指责模式的死循环，这种指责会损害你们的关系。在同情和坚定之间打破这样的一个平衡并不是容易的事——但这却是必要的事。

作为朋友或家人你能做什么？

你或许会尝试很多方式来帮助你的朋友或家人来理解他们的囤

积癖引发的问题，但是这些或许不会有任何作用，甚至会使事情变得更为复杂。如果你手头正在做的事情丝毫不起作用，你可以考虑其他选择。选择之一就是把囤积癖相关的资料留给他们，例如宣传册、网页资料、图书或 DVD。当你不在的时候，囤积者或许会捡起来，并出于好奇开始阅读。

你还可以收集更多的信息。你可以参加一个支持或者治疗团体——不管囤积者是否加入其中。这样可以帮助你更加充分了解你所处的情况，并知道处理的方法。

考虑到囤积癖症状很可能已经持续好多年了，对于囤积者来说，需要时间确认现在的情形是否在可控制范围，是否需要适当的改变。你的角色就是促进改变，通过提供支持、激发积极性或者不断鼓励来帮助他们开始处理他们的问题。然而，要避免亲自尝试的诱惑，让他们依靠自己的能力解决问题才是硬道理。未经囤积者本人的允许，这种本意良好的举动很可能使问题进一步恶化，甚至引发情感上的痛苦。清理的责任取决于囤积者本人的意愿。

紧急行动

对于某些特殊的情况，你或许需要采取更为直接的措施。如果清理空间的任务非常迫切（比如有健康安全或法律条款的约束），你应该和朋友及家人一起协商，提供更为积极的帮助。采取行动前有效的沟通可以增进信任，建立角色意识。

我如何支持家庭成员或朋友？

当囤积者开始清理的时候，陪伴在他们身边并给予他们正能量大有裨益。良好的开端可以鼓舞正处理囤积物的囤积者保持目标清晰，目的明确；你应该鼓励他们以拍照的方式记录整理全过程，并在清理完成后确保囤积物被抛弃。每次清理一小片空间，这样可以保证以他们轻松自在的速度完成任务。你还可以扮演一个奖励者的角色，在清理结束后陪他们一同享受腾出的空间所带来的喜悦，或者外出欢聚。作为助人者，建立信任和信心非常重要。有时，与囤积者一起对抗囤积癖的人——可能是职业护理员或者是志愿者——也会对他们很有帮助。

我如何增进对于囤积癖的理解?

洞悉自身问题的本质会有助于你更好地支持你的朋友或家人。试着想想，有人扔掉了你最珍爱的物品，你再也找不回来。在脑海中想象一下这样的情景。尝试设身处地地为囤积者考虑。你可以体会到他们每天经历的情绪的紧张和强度。

囤积癖连续统

在上图中，你有没有发觉自己更倾向于其中一端？你或许没有把家中的生活空间全部塞满，但是，比如说，你有没有囤积文档或邮件的习惯？大多数人可能处于两个极端之间。

照顾好自己

为了更好地照顾别人，我们首先要照顾好自己。支持和帮助囤积者有时是痛苦的，而有时又是有报偿性乐趣的。这会取决于你与他的关系是否深厚，以及你们接触的频率。因此，要通过健康的饮食、规律的运动以及充足的睡眠来保证自己强健的体魄。同时，确保有时间做日常的必需事务也是很重要的。你务必要参加一些令人身心愉悦、有趣味的活动，能够与他人分享你自己面临的困难。为了成为囤积者得力的助手，你也需要获得支持。在这些方面善待自己会有助于你更加积极有效地应对消极情绪。我们都会经历正性和负性两种思维。这两种思维会影响我们感知情形并作出反馈的方式。当你的负性思维占据主导时，对此有所觉察会很有帮助。务必记住，你可以竭尽全力做到最好，但最应该对囤积癖治疗负责的是囤积者本人。

有时，囤积者本人并没有意识到囤积问题会影响到你。那就很有必要让他们知道，他们的问题正在影响你，他们又能为此做点什么。对话要以“我”开头才有用，比如，“我担心会不会有人被这堆东西绊倒”或者“我想邀请朋友来家里，可是没有地方放椅子”。你的语言不足以改变现状，却可以逐渐提高囤积者对你面临问题的重视程度。这样也会让你感觉到自己在尽力让你的朋友或家人慢慢了解他们的囤积问题所带来的影响。

总而言之：提供相关资料，陪伴并支持囤积者，帮助他们向你靠近并参加一个治疗团体，尽可能地理解他们的困难，对于积极的行为给予奖励，照顾好自己。斗志昂扬的同时保持一点小幽默会让你事半功倍！

贯穿全书，你会发现本书不时会有为与囤积者亲近的人提供的各种小资料——阅读时请留心寻觅，将它们挑拣出来。

第二部分

1
基础知识

我们马上就要进入克服囤积癖的训练了，但是首先我们要花些时间仔细阅读一些基本准则，这样会为你愉快的训练之旅打下坚实的基础。当你即将跟随本书的步速前行，你会在本章内容的基础上建立自己的目标，发展自己处理问题的技巧。本章的内容紧紧围绕着一些贯穿全书的中心思想。

时间

时间非常宝贵。我们的需求经常会和我们的或者别人的需要相冲突，所以，记住给自己留出时间，照顾好自己。把自己放在第一位并非自私。我们常常把别人放在第一位，而不考虑自己的个人需求和对自己来说重要的事。

记住，不必给自己留出大把的时间。你可以每天半小时，坚持不间断。随着你的前进，你会发现你会慢慢愿意花更多的时间练习。为自己争取时间会帮助你更好地规划每天的安排。

帮助争取时间的小窍门

- 写下一周之内你每天要做的事情。
- 为所有日常活动绘制一张时间表，其中包括工作、睡觉以及购物等。
- 确保留出一段时间，可以让你定期地、常态化地处理你的囤积问题。
- 像遵守工作流程和计划一样坚守并执行活动表中的安排。这份坚守会保证你持之以恒地完成任务。
- 为每天执行活动表的情况做记录。这有助于你巩固你的工作，为严密地执行时间安排提供积极的提示。
- 始终如一地坚持你的方法，按部就班地执行你的计划会对囤积癖的治疗大有裨益。

阻碍

遇到障碍在所难免。找出现实生活中阻碍我们做正经事的陷阱：

- “我太累了。”
- “我没时间。”
- “事情太多了。”

当我们遇到障碍时，先问问自己，这对帮助我解决问题有帮助吗？把一个大麻烦分解成若干小问题，会更加容易掌控。

“我取得的成果无人可以汇报。”

告诉你的朋友，你打算完成一件非常重要的事情。无需讨论细节，你只需要在完成任务后告知朋友你已完成即可。对那个激发你合理计划时间的人负责，以便帮助你执行并完成你的计划。当我们谈到这些准则的每个部分时，我们会大致浏览到可能出现的障碍。

拍摄你的环境

在你开始着手解决囤积问题之前，把周围拍摄下来。这会帮你记录下你开始工作前周围环境的情况。这些照片可以作为记录你的进步的重要方式，并作为你自我治疗计划的一部分。

拍照小窍门

- 选取囤积物最占空间的角度来拍照。
- 为监督进度，记得每周都要给你正在清理的区域拍照。
- 每次拍照时要选择相同的角度，既可以证明你的坚持，又可以防止难以比较差异的情况。

阻碍

“我担心相片冲洗时被别人看到。”

大多数照相机和智能手机可以拍摄数字影像，这些影像可以以文件的形式储存起来，除非你愿意，没有人可以强行查看。

“别人会看到吧。”

这些照片都是你的，如果你把它们放在你的数码相机或者智能手机中，你可以自己控制谁可以接近。

“我没有电脑或者我不会用电脑。”

照片可以储存在你的相机或者手机里。如果你有可以信赖的朋友，你可以请他帮你把照片转移到电脑中。

“我不想看这些照片。”

一开始你可能不想看这些照片也是可以理解的，但是拍照还是要拍的——你可以不看。迟早，你会发现你可能会想看看你居住环境曾经的样子，将昨天和今天进行对比。

锁定一个开始区域

我们清扫整理时会不停变换清理的目标，而不是先彻底清理一个区域，这就是我们的天性。但是如果你真心打算处理这些杂乱物，你就需要认定一个区域，坚持不懈，直到将它彻底清理干净。

锁定开始区域的小窍门

划定一个合适的区域对于开始清理的第一步是至关重要的——卧室就是个不错的选择，毕竟对你来说，能够在一张干净整洁的床上睡觉非常重要。为了能够心情愉悦地烹饪，厨房也非常重要。那么选定一个你开始工作的区域吧。在转向其他区域之前，要坚持在这个区域工作。既然选定了区域就要抵制在其他区域开始的诱惑。要持续聚焦于这片小地方。通过不断地把精力投入到这个区域，你就会注意到其中的变化，随着空间的增大，这也会刺激你不断改善你的囤积问题。

阻碍

“我逐渐发现，我是选定了一个地方开始清理，但我又不断地做其他事或者去整理别的地方。”

这种问题有很多原因，比如选定的区域看起来相当难清理，清理工作无法继续，或让感觉不知所措、无法面对，而从其他区域开始又显得更容易或者更有趣些。处理这种状况，你就需要把你的清理时间缩短而且保持专注。在计划开始前先做一些令人愉悦的、有趣的事情。退一步，你就可以看到你已经取得的成就。

“我现在做得还不够，我的房间永远不会被清理干净。”

锁定一个区域开始系统化地清理，认可这种方式后，逐渐向外扩展至整个住所。把这当作就像你在做拼图游戏，稳扎稳打、步步为营地把整个拼图完成。

记录你做了多少事

把你扔掉的东西做个记录是非常有益的。所丢弃的物品并不重要，重要的是物品的数量。比如，你装满了多少个垃圾袋？你已经清理出多大的空间？

有所起伏是很平常的事，在不顺的日子，你会很容易感到意志消沉，当你情绪低落时，你往往会忘记你目前所取得的成就。而你做的记录会提醒你，你已经做了多少事以及你已经走了多远。

做记录的小窍门

坚持每天做记录。不要把记录拖到第二天——你会忘记自己已经做了多少并质疑自己。

阻碍

“我不想写下来。”

无需写下来，只要给你准备扔掉的垃圾袋拍照即可。做记录不必是个复杂的任务。另外一种简单方式就是在活动表或者日历上为已经扔掉的垃圾袋编号并记录。

加入点创造力。你可以使用彩色的圆点，每个颜色代表物品的特定数目。比如：黑色的圆点可以代表一袋、红色的圆点可以代表五袋你已经扔掉的垃圾。

与情绪同在

开展一些你不经常参与的活动可能让你感觉不适和紧张。学会了解这种不安的感觉，不必太在意，情绪本身会很容易过去。我们对不适情绪反应越大，这种情绪的反弹就会越强烈。尝试摆脱这种情绪，你只会越来越强烈地感受到它。放任情绪——甚至包括不爽的情绪——情绪会很快过去，你能够感觉到你处理不愉快情绪的能力。

与情绪同在的小窍门

认识并接受你的情绪。当你做一些不经常做的事情时，你会感觉不安和焦虑是很正常的事情，学会接受这种感受。无论你在做什么，学会观照当下、积极投入。停止思考，也不要质疑感受，就让它们在那儿，全心关注周遭正在发生的事。当你分类和清理物品时，放着音乐或开着电视作为背景音，要么就找个朋友陪伴。

阻碍

“太不爽了。我受不了了！”

接受你的情绪。不要与之抗衡，随它去。你越是想摆脱，它就会变得更难缠。回忆并仔细体会那些你有这种情绪的时刻，战胜它。

“它总是挥之不去。”

你越是抵制这种情绪，它与你纠缠的时间就越长。你越是和这种情绪对话，它就会发出越大的声音，而你也会变得更不自在。想想每次这种情绪强烈时，你感觉自己无能为力，随着时间过去，你也渐渐承受了这种情绪的炙热。

寻求支持

从家人和朋友处得到支持往往是很有好处的。有时即使只是意识到你有聊得来的家人和朋友就已足够。而当你清理杂物时他们的陪伴就更有意义。家人和朋友能从方方面面提供支持，从情感上陪伴到实际的动手帮忙，都会对你大有裨益。

寻求支持及帮助的小窍门

告诉你的家人和朋友，让他们知道你需要他们。让他们知道你需要哪种支持，希望他们如何帮助你。叙述明确，并要设立一些基本原则，那样对你来说会更容易些。你可以这样说，“我只想要你陪着我，而清理的活儿放着我来做”，或者“我需要你帮我把这几袋东西扔到垃圾场或捐献给慈善商店”，诸如此类。

阻碍

“他们会评判我。”

人们通常害怕别人会以家里是否杂乱、邋遢来评判自己。我们的经验是，当人们解释这种疾病时，他们的朋友和家人通常都会保持支持态度。

“我感到羞愧。”

羞愧是另一种常见的情感。要时刻记住，你没有做任何错事，而只是试图清理自己的房间，整理自己的生活。我们理解，有时别人也会有难题、有困扰。你承认你有问题而且你正在处理这个问题，这就是非常难能可贵、勇气可嘉了，人们很可能会尊重你，因为你的诚实以及你正在和困难斗争的精神。

“他们会不告诉我就把我的东西扔掉。”

向你的朋友和家人解释，什么是需要他们做的。通常情况下，人们对你的要求一定会尊重。

付诸实践

本书会在你和囤积癖斗争时，为你开启崭新治疗方法的大门。有些训练会让你尝试不同的做事风格，这个过程可能会让你感到陌生和害怕。有时候我们会忘记我们每天都在不停地处理各种问题，有时也会采取不同的做法。反思你的行为，留意那些你选择用与平时不同的方式来处理事情时的情况，以及你已经做到的成就。

付诸实践的小窍门

勇于承担风险。承担风险有益无害，还会帮助你在感觉必要时做出改变。我们可以从经验中受益匪浅。

阻碍

“我觉得我做不到；我以前没干过这事儿。”

不要让你的情绪支配你什么可以做或者什么不可以做。相反，用心感受“敢于尝试”的经历，因为尝试是你可以做出明智选择的唯一途径。对于现在在做的一些事情时常问问自己。这些我以前都经历过吗？回头看看你尝试新鲜事物的经历能够帮助你学会和处理问题。

“这真是太吓人了。”

扪心自问，究竟是什么吓人？怎么吓人？是尝试新鲜事物或者不同事物的想法太吓人吗？问问自己，最糟糕的结果是什么？

勇于创新

有时，事情并不按照我们计划地那样发展。万一这样的话，那就要富于创造性并找到替代方案。遇事处理要灵活。本书的任何内容都不是一成不变的。每个训练都只是一种指导。如果你发现自己无法按照我们建议的方式实施这项训练，那就临时以相近方式代替。

勇于创新的小窍门

完成每项任务都有不同的途径和方式。完成的途径和方式无所谓对错。我们每个人都有自己的倾向和偏爱，我们都会选择自己喜欢的方式完成任务。胆子要大，勇于创新，尝试以不同的或不熟悉的方式完成练习。

阻碍

“在我扔掉杂物之前通常把它们装进黑色的袋子。可是现在我的黑袋子用完了。”

那就用购物袋来取代吧，这没有什么区别。不同的袋子不过是不同的容器而已。袋子的颜色或者款式都无所谓。

“我只能清理我的衣服。”

不要把注意力集中于某一类特定事物上。扩大你的清理范围——清理衣服的同时也可以将清理范围扩展至相关的品种。比如，除了衣服，你还可以尝试清理毛巾或者床单等。

为每一寸你失而复得的空间庆祝

确认每块你失而复得的空间以及你参加的每项清理活动，并小小地庆祝一下。这似乎并不容易，但可以从让家里的光线可以让人慢慢看清楚不同的颜色开始——物品的杂乱堆放曾经阻碍采光，地板、墙面以及家具都显得昏暗而沉闷。

庆祝的小窍门

当你完成某个区域的清理工作，站在这里端详、感受，为你的劳动成果庆祝。起初，你会觉得空荡荡的地方让你不舒服，但是要承认你获得了更多的空间。邀请家人和朋友来参观，向他们展示你的成果。以鲜明的颜色标注这个区域。再看看你之前拍摄的照片，仔细和现在对比。如果可以的话，打印出来看看差别。

阻碍

“我做得还不够好。速度太慢了。”

时刻提醒自己注意，家里不是一天内变得杂乱无章的，那么回归到你想要的样子也是需要花时间的。开始的进步会有些慢。当你获得更多的信心，你会能够着手整理更大的空间并征服它。一寸空间比没有好很多。

把奏效的内容记下来

当你读完本书时，记得把你感觉有用的、奏效的练习记下来。或许等你面临更困难的整理工作时，你会愿意再重温下这些笔记中的方法。这些笔记会帮助你维持你曾体验过的良好效果，并促进第四部分阐述的复发预防计划的实施。

做笔记的小窍门

一旦完成一种练习就马上记下来。记述对你有帮助的部分，尤其关注对你具有最大价值的关键干预措施。如果条件允许，可以反复练习，目的是更好地把这种方法应用于处理囤积癖引发的其他问题上。

阻碍

“我记不住。”

不要完全依赖你的记忆力。你能准确地记住昨天一天你干了些什么吗？我们中的大部分人要绞尽脑汁想半天。你会发现，试图记住每件事情没那么容易。准备个笔记本做记录，这种方法会让你在训练中回想起关键信息。

“我没时间。”

挤出时间。其实记下来也就花你几分钟时间。要知道这是为你好，不是为别人做的。

“我买了这本书，所以我可以一直看。”

的确，你是买了这本书，但是你或许不会随时去翻看它。盘点下你所有的书，问问自己，你多久才翻一次呢？

这些都是你治疗之旅的同行伙伴，都是你需要考虑的因素。这些基本点非常重要，因为他们会帮助你有条理地、系统地处理你的囤积癖。阅读本章的基本规则会帮助你清掉未来道路上的部分障碍，向更大的空间、更美好的生活迈进一大步。

2

愿　景

许多自助手册都设立了目标，你可能会感觉为达到目标而压力十足。以我们的经验来看，“目标”这个词，本身就没什么意义。我们决定选用“愿景”这个词来代替它。

愿景始于一种感觉，可以通过想象延伸。创造一个心理意象是种强有力的推动力，可以激发人的思想和情感，并影响我们的行为和反应。拥有这样的指导性愿景可以帮助我们做出改变。譬如，想想你外出购买服装的经历。有多少在去购买前你的脑海中就会想象你想买的服装的风格、颜色或款式？我们正追寻的愿景帮我们决定我们想要的东西。

通常，当居住的环境已经凌乱不堪好长一段时间，你会失去了对房屋应有的感觉，忘记了房间过去的样子。当房间堆满杂物，除了行动不便之外，人们还会感到房间里拥挤沉闷，颜色单调。

所以，让我们从打造自己的愿景开始。设定一个愿景就是良好的开端；一个关于你想让周围环境变成什么样的想法。如果你在构思愿景时有困难，可以想想这个房间曾经的样子。看看照片，看看杂志里的图片，甚至可以动手画出你设想的样子。写出你的愿景，并尽可能地描述其中的细节。譬如：我的愿景是拥有一个可以随意走动、空旷的房子，即使闭上眼睛，也不会撞到东西或被物品绊倒。

我要墙壁和地板的颜色直接呈现在我眼前。

我的愿景是：

___

___

___

下一步呢？

仔细想想你的愿景，并充分考虑你的空间。选择家中的一间房间，至少此时是对你有意义的一间房间。先问问自己，我想让这个房间变成什么样？用细节描述出来，包括颜色选择、家具样式和居住空间样式。

我的愿景是：

___

___

___

既然你脑海中已经有了构思和愿景，那就问问自己，你在愿景中的环境里生活感觉如何？

___

___

___

问问自己，身体的哪个部分会感受到这种感觉？

___

___

___

把你的手放在这个身体部位，充分享受这种感觉，问问自己，这种感觉对自己来说到底意味着什么？

将你为了延续这种感觉所需要做的写下来：我需要做什么？

既然我们已对你的家居空间有了美好的想象，那让我们一起为新生活的愿景努力吧。想象一下，你不会再拥有一个脏乱差的环境，多美妙。我的生活会变成什么样？我能做些什么不同的事情？谁会住在这里？

那会是什么感觉？

身体的哪个部位会感知到这种感觉？

把手放在这个部位，慢慢感觉，问问自己，这种感觉对自己意味着什么？

将你为了延续这种感觉所需要做的写下来：接下来我需要做什么？

家人朋友必读

以积极的态度向前看是非常重要的法则。如果囤积者可以愉快地把某个房间或者区域的愿景分享出来，那么这种分享会强化并再次唤起他们脑海中那些美好的景象和感觉，对他们大有裨益。从某种角度上讲，相比较把压力全部集中到与家人和好友反复谈目标上，这种分享很可能更加有利。我们表达未来愿景的方式可以指引我们向前努力的方向，也可作为对积极行动的一种嘉奖。与囤积者探讨如何利用空间，让房间的布置接近自己的想象，以及你可以怎样参与他们的计划。换个不同的环境开展讨论，比如公园或咖啡厅，或许能提供一个全新的视角。支持性的话语更易于营造良好的关系，取得更好的效果。

小贴士

- 尝试在家以外的环境中构思自己的愿景，如咖啡厅、图书馆、亲人家里或者朋友家里。有时远离家里凌乱的杂物能够有所帮助。

- 你觉得构思愿景困难吗？尝试使用照片、杂志中的图片以及其他能够找到的素材帮助你。
- 花时间和家人好友待在一起，讨论他们的生活。他们是依照哪些步骤完成他们的目标的？以他们的经验为模板，看看是否有可参考的部分。
- 不要过于野心勃勃。从一个小小的、易于实现的愿景开始，这样你可以继续前行。愿景要够灵活，允许有变化。
- 富于创造性。不要以为处理问题的方法只有一种，条条大路通罗马。
- 通过定期的回顾练习强化自己的愿景。

阻碍

“我想象不出我想让我的家变成什么样子。”

看看家居杂志中的图片。图片中的家什么样子？去朋友家做客，看看别人家有什么特别之处可以借鉴。在其他的环境中感觉怎样？

“我想象不出不同的生活会是什么样。”

尝试每天做些特别的事情。比如，换条新路线上班，或和不同的人聊聊。感觉怎么样？每天搞些小变化，看看每天的收获。我们能以小步往我们成功的道路上前进。小变化也会带来大影响。

“没有人支持我。”

尝试想象你正在帮助其他人。把自己现在面临的困难想象成另外一个人的，并自问，你会对这个身处困难的人说什么？这个人可以采取哪些行动啊？应用这些答案至你的愿景中，会让你的想法更易于实现。

关键信息

- 拥有清晰的愿景是帮助你收复空间、重塑生活的依据和根基。
- 图片和照片会有助于你想象出属于自己的愿景。
- 使用照片记录是衡量变化的有效途径。
- 请在愿景中融入你的真情实感；情感因素非常重要，越多关注情感因素，越会激发你的积极性。
- 家人和好友是为你提供帮助的最好资源。
- 每天冒点小风险会让改变成为可能。
- 定期重温你的愿景有助于你保持专注。

3
激　励

明确心中的愿景后，你可以激发自己改变生活的动力。有时做出改变很困难，但是你可以在长征道路上每天向前一小步。从我们身边那些一直努力应对囤积癖的人中可以发现，当我们感觉不知所措、无从下手甚至打算放弃时，了解这个过程其实是可掌控的对我们至关重要。有很多方法可供我们作为激励自己的辅助手段。

H.O.A.R.D. 法

在我们"伦敦治疗小组"的帮助下，我们发展了 H.O.A.R.D. 方法[①]。这种方法可以帮助你开始着手清理杂物。在你使用这个方法之前，你必须先给你的居所拍照记录。正如之前我们提到的，照片和影像是强有力的工具。它们可以唤起往昔的记忆和情绪，承载曾经的感受和感悟。你可以从这里开始你的行动。

H.O.A.R.D. 方法与照片结合起来用，能帮助你更好地理解你的问题以及对你生活的影响。在接下来的几个章节中，我们将会继续帮助

---

① Singh, S. & Jones, C. (2012). "Visual Research Methods: A novel approach to understanding the experiences of compulsive hoarders," *Journal of Cognitive and Behavioural Psychotherapy Research*, 1 (1): 36—42.

你培养对囤积癖的理解，并希望这能帮你找到解决你问题的答案。

使用 H.O.A.R.D. 法

步骤一

在基础知识的章节中，我们讨论了将拍照记录作为你自助治疗的一部分。这些照片是你旅途中很重要的部分，为你收复空间重塑生活助一臂之力。照片是一种记录，同时也是一种监督手段。借助照片的帮助，你可以回答由 H.O.A.R.D. 五个字母开头的五个问题——接下来我们会逐一谈到。

首先，选择一个家以外环境非常重要。挑选一些照片带到远离家中的杂物的场所，这样有助你在情感上与囤积癖保持距离，从而更清楚明晰地看到真实的情况。这能允许我们开始思考，如何让我们杂乱的环境变得不同，以及接下来我们为了这个目的要采取哪些步骤。你可以选择任何地方，甚至是开放性的公园。你仅仅需要的是不受干扰的环境和时间。

浏览下你挑选并带来的照片，选择你认为最为重要或者最特别的一张。你选择的照片可能是你感觉你需要花费最多心思整理的房间。给自己留出足够的时间，仔细研究这张照片，直到你准备好回答以下五个问题。请尽可能详细地回答下列问题。

H 这张照片中**发生**（**Happen**）了什么？

O 我想要**克服**（**Overcome**）什么？我的目标是什么？

A 我可以想象没有这**所有的**（**All**）杂物的生活吗？

R 这个问题是怎样扰乱我的生活、影响我的**社交关系**（**Relationships**）？

D 我想怎样**解决**（**Do**）呢？

一旦你把答案写好，再仔细看看这张照片，读读自己答案。

这张照片中发生（**H**appen）了什么？——**H**.O.A.R.D.

我想要克服（**O**vercome）什么？我的目标是什么？——H.**O**.A.R.D.

我可以想象没有这所有的（**A**ll）杂物的生活吗？——H.O.**A**.R.D.

这个问题是怎样扰乱我的生活、影响我的社交关系（**R**elationships）？——H.O.A.**R**.D.

我想怎样解决（**D**o）呢？——H.O.A.R.**D**.

再来看看这张照片和你写下的答案。请把关注点聚焦在**解决**（**D**）上，逐一写下对付囤积癖你要采取的每个步骤。对付囤积癖你需要采取的步骤如下：

____

____

____

意象法

意象法是另外一个强有力的手段，可以引入并与 H.O.A.R.D. 法协同发挥作用。伴随着意象的情绪感觉能够有助于激励我们有不同的表现。与之前相同，这种练习也最好选择在一个家以外的环境中完成。请仔细阅读说明——你会需要有片刻时间闭上双眼。你或许需要一个家庭成员或者朋友来帮助你写下对于每个问题的答案。

在脑海里想象一个景象，就是你希望你的房间未来呈现的样子。比如，你可以憧憬清理杂物后清楚地看见尘封已久的家具和花纹清晰的地板。你的描述要尽量细致，比如家具、地板、地毯、窗帘或百叶窗。想想当你亲眼目睹这一切时会感觉怎样。

现在，闭上眼睛。让这个景象再次呈现在脑海中。记住这个场景，再想想你最初的感觉。问问自己下列问题，并尽可能细致地把答案写下来。

当我已经对房间未来呈现样子有自己的想法时，我有什么感觉？

____

____

____

我身体的哪个部位感知到这样的感觉？

____

这样的感觉对我来说意味着什么？

为了能够持续享受这种感觉，我需要做些什么？

成本 / 效益分析

当我们参与某种活动或者行为时，就会有成本和效益的考虑，以此来衡量其是否值得去做。譬如，假如你要参加赛跑，那么你就需要练习。如果你不愿意训练，那你会获得眼前的利益——舒服地窝在家里。但是比赛那天代价随之而来，你的身体会因为没有准备好而产生不适。让我们来看如何将这一分析应用于囤积癖的治疗。

首先，找出你希望采取行为，比如保留各种物品不愿扔弃。分短期及长期列出这一行为对你和对他人产生的成本和效益。

我分析的行为是：

短期收益

对己	对他人

长期收益

对己

对他人

短期成本

对己	对他人

长期成本

对己	对他人

现在，既然你已经列举出了你所选行为的所有成本和收益，并将其细分为对自己和对他人的，短期和长期的；认真回顾它们，制定出你的行动方案。

我已分析的行为是：

____

____

____

针对我的问题制定的计划是：

____

____

____

家人朋友必读

尽力理解并支持你珍视的朋友或家人，这种理解和支持对于他们是十分重要的，提出合适的问题是体现你对他们的理解和支持的方式之一。如果你已经阅读了前面的建议，或许你愿意表现出支持他们的态度，比如帮助参与拍摄照片、创造意象、以积极的正能量情绪来感染他们。

由他们自己决定以何种方式来接受支持，并依照他们的需要决定是否采纳。可能是打电话、发信息或者提供机会来你家中翻看照片，或者训练后来个小奖励，比如去喝杯咖啡或去公园走走。你可以借给他们一个照相机或手机，让他们写下自己对于囤积问题的反馈，把脑海中的意象用语言描述出来，或者练习成本/效益分析。你的帮助和支持也可以只是简单地静静地陪着他们。

小贴士

- 当你想激发自己处理囤积问题的动机时，你最好走出家门去外面的环境，这样会事半功倍。
- 与你的感受同在，承认并尊重它们。情感是强大的激励因素。不断制造并重温积极乐观的情绪会让你持续保持前进的动力。
- 以这种积极的情绪为基调，有助于保持专注。
- 无论何时你想要逃避面对囤积癖，只需问问自己，逃避的成本和效益各是什么？

阻碍

“我没有照相机拍照啊。”

如果你没有数码相机拍照，可以用手机啊。大多数手机都有内置摄像头。

“别人看了这些照片，我会感到尴尬。”

万一别人看到你的照片你会感觉尴尬，这很正常。尝试找一个人不多，能够提供隐私空间的地点，选个不那么忙碌的时间在类似咖啡馆这样的公共场所里坐坐。或者去朋友家——朋友在旁边还可以提供支持。

“我选不出最棒的照片。”

拇指规则或者经验法则告诉我们，此时优先考虑对我们最有意义的房间。选择那个清理之后能让你生活舒适度有最大提升的房间的照片。

关键信息

- 在你不断改造空间、改善生活的前进道路上，激励是个非常重要的因素。
- 养成并维持积极性有很多方法。勇于创造，勇于承担风险。前进的路上无所谓正确还是错误。
- 家人和朋友可以提供支持，激励你不停训练，取得进步。
- 对每个行为和举动，我们都可以用成本 / 效益分析来考量。

4 日　程

大多数人都有自己习惯坚持的日程安排。比如，如果你是上班族，你会在特定的时间起床，以保证拥有充裕的时间整理并去上班。工作中，你有固定完成工作的程序，有规定的时间午餐休息等诸如此类的日程安排。本章中，我们来共同关注如何将整理杂物融入你日常生活作息规律的各种方法。

针对囤积问题，建立习惯的方法之一就是确保一天中的某个固定时段是用来整理杂物的。拥有固定的日常安排是为保证你能够坚持，定时清理的习惯会成为生活的一部分，而不再是艰难的努力。既定的日常安排还可以帮助我们规范我们的工作，并且当我们意识到每天都在处理杂物时，这会为我们注入希望。

如何建立一个新习惯?

以制定活动安排表为最初的方法会很有帮助，与时间表的方式类似。活动安排表将每天你醒着的时间按小时划分成一个个单元格，以方便你记录自己每个时候的活动。这样的方式可以帮助你培养对于时间消耗的理解，从而更好地依照自己的生活方式规划你每天的活动。除此之外，以小时为单位记录你的活动会准确地记录你的进步。忽视我们所取得的进步是很容易的，如果我们自己都觉得这些转折点没有意义的话。我们做了什么或许无关紧要，但是将做过的事情长期持续地记录下来就会大有帮助。记录自己的活动会帮助你坚持自己的信念，这一点我们会在后面的章节中讨论。

如何记录自己的行为并规划时间

记录活动的一种简单方式就是运用下面的活动安排表。表格中会把一整天划分成以小时为单位的碎片。不要觉得你进行的所有活动都必须恰好在某个时间段内，它们是可以重叠的。比如说，你9:30到11:45可以去购物。你可以占用两个单元格的各一半。也会有些时候你什么都不想做，那你应该记录下你的自由时间。精确的记录会帮助你抽出时间处理自己的囤积问题和整理杂物。

如果你发现本书所提供的活动安排表不符合你的要求，那就发挥你的创意，自制一个满足个性要求的表格。你可以拿出一大张白纸，写写画画更方便，尤其是如果你有很多细节要记录的话。

家人朋友必读

你可以适时地提醒他们在活动表中记录日程，这会起到很重要的作用。你还可以帮助他们合理地将清理杂物的时间排入活动表，或者调整现有的日程使其更具操作性。如果给出的活动表并不适合你正在帮助的人，那么请发挥你的创造力协助他/她共同创作适合的记录方式。如果你帮助的人愿意与你分享他/她的整理计划，除非对整理计划有帮助，不然请不要打扰或者提出其他活动建议。

	星期一	星期二	星期三	星期四	星期五	星期六	星期日
7:00—8:00							
8:00—9:00							
9:00—10:00							
10:00—11:00							
11:00—12:00							
12:00—13:00							
13:00—14:00							
14:00—15:00							
15:00—16:00							
16:00—17:00							
17:00—18:00							
18:00—19:00							
19:00—20:00							
20:00—21:00							
21:00—22:00							
22:00—23:00							
23:00—24:00							

在表格中突出你每天日程的核心区域，这些安排是不允许轻易变化的，例如上班、上课等。你可以选择一支其他颜色的彩笔写下自己的规划。不同的标记帮助你区分哪些活动的时间是灵活可变化的。

小贴士

- 我们按部就班地、机械地完成每天的日常任务，从未仔细考虑过我们到底做了什么。养成一种习惯，更多地关注你所做事情的本身。
- 每个时间段最后，记录下你该时段所做的事情。无须写得特别详尽——一个大概的描述足矣。
- 评估你的所作所为，无论你感觉这事有多小或多无意义。
- 找出那些相对固定的安排，比如起床时间、上班时间、午饭时间等。这样会有助于确认一种模式并可以此为基础。
- 要富于创造性，建立自己特有的记录方式。
- 活动安排表不仅对于安排一天的日程非常有益，还可以改变你原有的做事方式。制表可以帮助你合理计划每天的安排，并进一步帮助你处理囤积问题。

阻碍

“我不工作，所以我也无所谓日程安排。”

你不必费心来做计划。写下你一周要做的事情，认真审视，你会发现其实你也有相对固定的日常安排。

“我做的事情毫无意义。”

我们做事一定有其原因和目的，否则我们为什么会这样做呢？

“我发现活动计划表很难用。”

建立你个性化的记录系统。我们的模板只是众多记录方式中的一种。使用最符合你需求的方式。

关键信息

- 养成关注你所做的事情的习惯，发现这些事情并记录下来。
- 务必始终记住，记录无小事，是事儿就要记。
- 我们所做的事情必有其目的。无目的、无意义的行为很少。
- 每个人都有自己的惯例——认清自己的模式并以此为基础。
- 建立适合自己的个性化记录系统。
- 清楚了解自己的活动规律，可以帮助你将处理囤积问题和整理杂物的时间纳入你的日常活动中去。

5

囤积之花 I——行为

每个人都是独一无二的，都有自己处理事情的方式。然而，我们也有许多共同特征，对于囤积癖通用属性的理解，为我们解决问题提供了框架。在心理治疗领域，我们称之为“概念化”（conceptualisation）。概念化——也称形成构想（formulation）——是整合知识并形成对自己问题的理解的过程。概念化还可以帮你解释你做出某种行为的原因，并阐明这种行为对你的囤积癖所产生的影响。当你把囤积癖概念化后，对于如何开始解决自己的囤积问题，你会有一个更好的想法。你自己就可以辨别哪些是有益的行为，而哪些行为是毫无帮助的，这样你就能够做出更为明智的选择，并把这些干预措施投入到实践中去。

我们将分三章逐步深入地探讨这种概念化，从本章的行为开始，然后是信念，最后将行为和信念两者与情感综合起来。我们这样做是为了让你更容易地理解行为、信念和情感相互作用的方式，以及这三者在你处理囤积问题时所起的作用。

这是充分认识你现阶段问题的第一步。在下一章中，我们将会进一步用概念化帮助你理解你过去的经历是如何影响现在的囤积问题的，以及你在应对它时的优势和弱点。概念化可以让你更好地了解自身的问题。它是一个动态的概念，允许你不断验证和改变与囤积问题有关的假设。

培养针对自身问题的概念化有很多不同的方法，以我们的经验来说，图表的形式更有益处，也更有效果。我们在之前的几个章节中探讨了意象法的意义，所以，图文并茂的方式更有助于与现在提出的概念化构想法联系起来。这种联系使得你在处理囤积问题时更有决断力。

培养概念化构想法的第一步就是将你现有的问题命名。这本书为了更强地突出目的性，所以取名“我的囤积癖”，但是你可以选择任何你喜欢的、适合的名字，而且是你能够联想到你的问题的名字。诸如“我生命中的克星”“我的空间吞噬者”或者“我的杂物”等的名字并不罕见。概念化的核心在于你的问题。正确认识你的问题给你带来的困扰也是非常重要的。我们特意强调你的困扰是为了帮助你认清楚你可以改善的部分。在接下里的练习中，我们举了一些囤积癖造成的空间的拥挤和生活上的种种限制。在阅读本书的过程中，你可以以个性化的方式衡量一下自己的困扰。

囤积之花简介

在下面图表中，你会发现“囤积之花”的具体所指。花心部分代表你的问题，而花瓣代表保留囤积问题的行为。我们的行为背后交织着我们的感受、情绪、恐惧以及焦虑。所有行为都是有目的的，并会产生短期和长期的结果。我们通常会发现，某些行为的即时结果是积极的，我们会感觉更好，可能还有一种解脱的感觉，而长期结果却是负面的，使问题持续发酵，变得更糟。

参与行为和回避行为

在囤积问题中有两种基本行为。第一个是“参与行为”，包括收集、储存物品，家中的循环再利用，不断找理由证明这些物品的可用性。第二个行为就是“回避行为”，包括不承认存在问题，不愿处理掉乱七八糟的囤积物，找不到囤积的正当理由而去做其他事情。这两种行为在让你不停地囤积上起了很重要的作用。

行为列表

让我们从制表开始，把与你囤积问题有关的所有行为都列下来。这可能会包括收集报纸，不扔东西，以及找理证明囤积物是有用的。

与我的囤积问题相关的行为有：

接下来，拿出一张空白的纸，在中心位置写上描述你囤积问题的词语。例如我们将它命名为“我的囤积癖”，作为概念化的核心。在问题下面写上囤积癖在你身上产生的结果。

然后，你可以把你的行为和囤积癖连起来。从圆上画出一个箭头：

从之前填写的表格中找出一项行为，写在箭头上方：

你的行为产生的短期结果是，通常情况下，你会感觉很安心，不会那么焦虑和痛苦。长期结果就是你的囤积物还在增加，你的囤积问题依旧存在。现在请认清每个行为的结果。

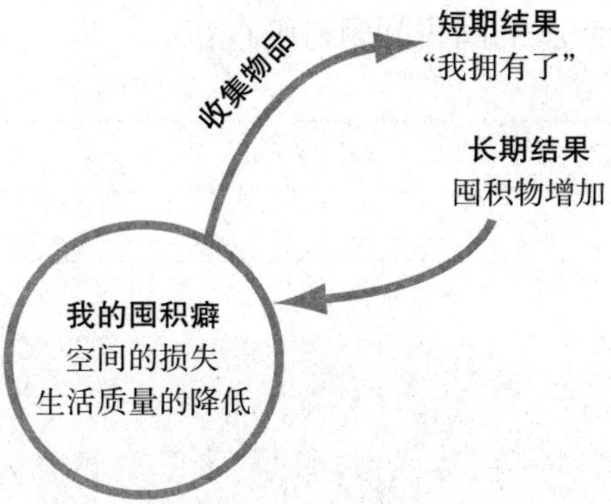

如果已经确定了一种行为的结果，那么继续画另外的箭头，说明这种行为如何助长了你的囤积问题，并把箭头指回中心。你可以按照下图所示完成自己个性的概念化：

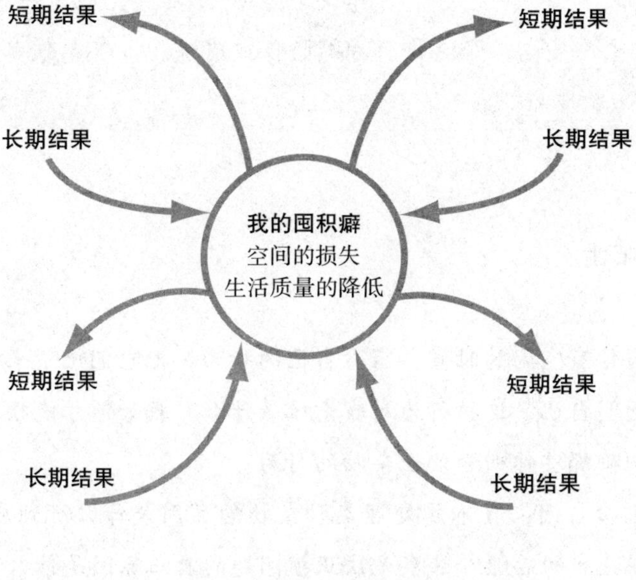

这样，你已经将自己的囤积问题概念化，完成了一朵“囤积之花”。

这些行为导致我的囤积问题持续存在：

____

____

____

家人朋友必读

你可以通过提问的方式帮助囤积者了解和确认哪些行为是与囤积癖有关的。你还可以和他们一起讨论短期和长期结果，以及他们是如何持续囤积的。谨记，有些人会认为这些问题是极为个人和私密的，所以你最好是在尊重他们本身意愿的前提下提供帮助。还要记得，有时候我们会太过坚持地想要帮助囤积者。先考虑下别人的真正需要是很有必要的，因为不管我们的初衷是多么的友好，多么充满善意，也有可能会适得其反，成为一种障碍。对于某些人来说，即使是简单的陪伴或者递上一杯热饮都可能成为最有效的支持。

小贴士

- 当你有空闲的时候，留心自己的行为，把它们记下来。
- 问问自己，这种行为对我意味着什么？我如何才能摆脱它？
- 明确那些你回避处理杂物的行为。
- 扪心自问，我不愿处理某种杂物的原因是什么？到底是什么在拖我的后腿？让我无法正视问题的真正原因是什么？
- 确认你某种行为的短期和长期结果。问问自己，我的即刻感觉是什么？长期结果又是什么？这种行为对我的问题有何影响?

- 应用自己的概念化来处理自己的囤积问题。关注长期结果。记住——短期的收益意味着长期的痛苦。
- 定期回顾自己的概念化，根据情况变化不断调整它。
- 与你信任的家人或朋友分享自己的概念化理论。定期回顾会巩固你对某种行为会如何影响你的空间和生活的认知。

阻碍

"我没时间识别我的行为。"

你无需专门花时间做这件事情，只需要留心注意每天做的事情，把它们记录下来即可。

"理解我的行为与我的问题之间的关系会对我有帮助吗?"

充分理解自己的问题所在以及使问题持续的原因，有助于你更好地决定你要改变的内容和开始的时机。这也会让你为改变自己的空间和未来的生活负责。

"我不想让其他人看到。"

个人囤积问题的概念化是很私密的话题，是仅仅属于你自己的，你不需要和其他人分享。你完全可以自己决定是否要和家人或朋友分享。分享或许会让你更容易发现让你的囤积问题持续的行为。

关键信息

- 充分理解你的行为是如何使得囤积问题一直延续的，这会对你非常有益。
- 囤积之花是痊愈之旅上的路线图，在你收复空间、重塑美好生活的道路上为你指引方向。

- 囤积之花能让你反思某一行为的目的和用处。
- 把画有囤积之花图表的记录本放在手边，时不时地根据情况更新。它应该是动态的，可以随着你的进步变化。
- 在可能的情况下，与他人分享你的囤积之花，这样更有助于加深你对自己问题的理解。

6

囤积之花 II——信念

我们的一些潜在的信念会保持并维护我们的囤积行为。在后面的章节我们将讨论如何处理这些信念。而在本章，我们将尝试理解我们的信念是如何对囤积问题起作用的。我们对一切事物都持有自己的信念——对其他人，对整个世界，乃至对我们自己。信念指导我们的行为，与他人的联系。但是当我们坚持的信念过于僵硬和刻板，就会对我们有不恰当的影响。比如，假如我们坚持废物利用这一信念，它就会影响我们扔弃废物。当我们更为灵活变通时，丢弃一些我们不需要的东西就变得更加容易。然而，当我们一定要严格地遵守我们的信念，要把物品以特定方式回收利用时，这样丢弃物品就变得更加困难了——通常会导致这些物品无法被丢弃。正如我们在本书的第一部分中讨论的那样，这是认知行为疗法干预手段的基础。

你或许还记得我们曾说过认知行为疗法基于一种事实，就是我们的思想或者信念影响着我们的感受和行为。比如你邀请朋友来家里玩，他们到了你家后开始收拾、挪动你的杂物。下次你再打算邀请他们来你家时，你或许会觉得他们又要挪动你的东西了。这些想法会导致你产生焦虑的情绪，接下来你要么会不让朋友来你家，或者只允许你朋友在杂物最少的那个空间，这样他们就不会对你的居住环境指手画脚。认知行为疗法通过改变类似这样的信念，让你能对付焦虑。在本书中，我们使用“信念”这个词来涵盖思想和设想。

明确信念

第一步就是为与我们的囤积问题有关的信念命名。你可以以运用认知行为疗法中的“向下箭头法”开始，来处理一些你囤积的东西。

“向下箭头法”的例子如下：先选择一样你留了很久，现在打算丢弃的物品。问问自己，是什么一直阻止我扔掉这件物品？

“我可能会需要它。”

想象一下，当你确实需要它但却没有它——这对你意味着什么？

“我将会迷失，不能正常工作生活。”

为了让你的信念变得可操作，你可以把表述换为“如果……那么……”，这是非常有效的。可以确保你表达清楚每个点的，形成一个更为可操作的信念。那么上面的说法可以变成这样：

“如果我没有了这些东西，那么我将不能正常工作和生活。”

基于这样的条件，你可以测试一下这个信念的有效性。这个例子的假设是我能否正常工作和生活取决于我是否拥有这些东西。因此，你可以这样测试它：考察一下那些没有将他们认为有价值的东西放在身边的人的活动。他们能正常生活和工作吗？还是说这个信念是对的？

明确你的囤积信念，以“如果……那么……”表达出来

从你的囤积物中选出一种物品。手里拿着它，然后想象你必须

把它扔掉。你心中迸出的第一个想法是什么？或许你会想“我需要它”。关于这件物品我的想法是：

____

____

____

假设这种想法是正确的。那它对我来说意味着什么呢？

____

____

____

假设上面的论述都是真的。它是怎么说我的？（比如，“我应付不了。”）

____

____

____

现在请将上面的信息转为这样的格式“如果……那么……”（比如，“如果我失去这些囤积的东西，那么我就没办法正常工作生活。”）：

如果

____

____

____

那么

____

____

____

把上一章中你列出的每一个行为都重复这个步骤，这样做有助于明确你的信念。集中注意力于回避行为。

将自己已经确认的信念做个列表。我已经确认与我的囤积癖相关的信念是：

____

____

____

拿出一张空白的纸，正如你在上一章节做的一样，在纸张的中心区域画一个囤积之花，记得给花瓣儿留些空地。现在像之前那样在中心位置写下问题和结果：

下一步就是把你的囤积问题和你的信念联系起来。从圈上画出去一个箭头：

然后在箭头旁边写下一个自己的信念：

如果我失去这些囤积的东西，那么我就没办法正常工作和生活。

正如我们在前面的章节看到的一样，你秉承的与囤积癖相关的信念产生了两种结果，短期结果和长期结果。起初，你的感觉会很好，充满自信，内心也没那么焦躁，但从长远来看你的囤积问题在不断恶化。与信念相关的行为动作所产生的结果就是你的囤积问题变得更严重。现在写下这个信念，相关联的行为和结果：

如果我失去这些囤积的东西，那么我就没办法正常工作生活。

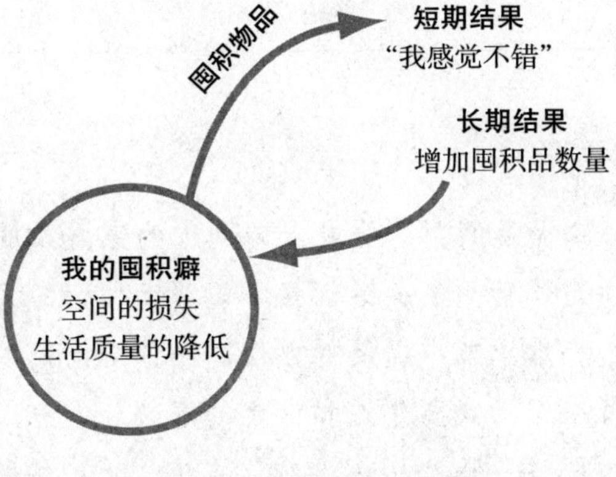

上图展示的是可能驱使你不断囤积的信念的一个例子。你可以按照下面的方法发展自己的概念化。

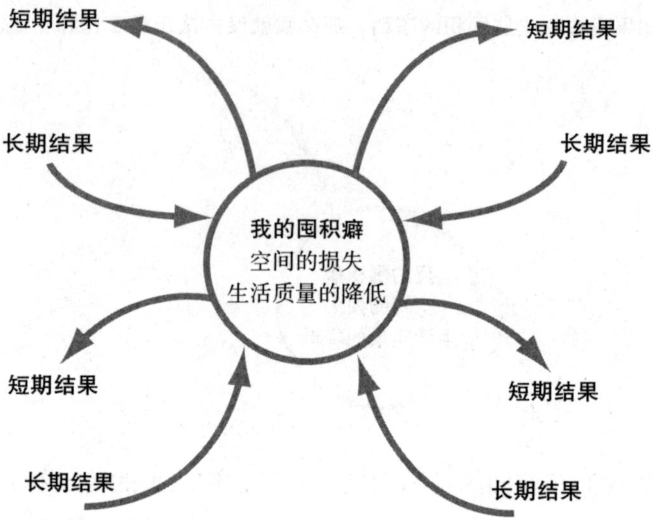

现在，既然你已经应用囤积之花来概念化你囤积问题了，你会怎样理解那些与问题相关的信念呢？这些信念是如何助长囤积问题的？

使我的囤积问题不断持续的相关信息是：

____

____

____

家人朋友必读

正如前一章提及的，评价或者询问你的家人或朋友想要什么样的支持是决定你行为的关键因素。能帮助他们的方式可能包括明确各种信念。本章节中提及的方法，比如询问问题以及使用向下箭头法均可以帮助找出想法和信念的意义。有些人或许在将信息转换成“如果……那么……”，或者在完成他们的囤积之花的过程中需要帮助。记住，对于囤积者来说，你的在场以及你对他们正在做的事情所持的积极态度都是非常宝贵的。

小贴士

- 明确信念最好的方法就是分析你囤积的物品和日常行为模式。
- 当你在处理你的囤积问题时，诚实地面对自己会让你获益良多。
- 不要觉得你必须做得“正确”。其实无所谓正确或者错误。如果你明确了正确的信念，你就会自我感觉非常良好。
- 当你明确了某些信念时，记得写下来，因为很容易被遗忘。

阻碍

“我不知道从哪里开始。”

从尝试着把你的囤积物分类开始，从学习使用向下箭头法开始。

“我不知道要做什么。”

请一个家人或者朋友来帮助你。他们可以就向下箭头法中的问题向你提问。

“我需要一个心理治疗师来帮助我。”

第一步就是自己要尝试，你会发现你能够明确你的信念，意识到自己的行为模式。做你自己的心理治疗师。

“我会做错的。”

时刻记住，无所谓正确或者错误。你这么做不是为了别人，是为了自己。看起来好像你需要把事情做好甚至做到完美的信念正在阻止你进步。如果你感觉不对，记得使用向下箭头法来明确你的信念，并把这种信念组织为“如果……那么……”句式。

关键信息

- 理解信念在你的囤积问题中所扮演的角色。
- 明确你的信念，并利用它们来高效地处理你的囤积问题。
- 与囤积问题相关的行为模式是一个很好的起点，来分析隐藏在你问题背后的驱动因素。
- “向下箭头法”是非常有用的方法，它可以从你最初的想法出发，逐渐确认你的基本信念、设想和预测。一旦你认清了自己的信念，你就可以逐一检验了。
- 全方位地应用“向下箭头法”是一种很好的方式，能够培养你明确信念的技巧。

7

囤积之花 III——情感和整合

在前面两章中，我们基于你的行为和信念来发展你的囤积之花概念化。而你的情感则是另一个重要组成部分。每个人都会经历一系列的主观情感。人们会发现负面情绪很难容忍，比如焦虑和痛苦——这些感觉在本书中我们统称为“不适的感觉”。

我们做某些事情，目的是为了除去不适的感觉。正如前一章讨论的那样，这些行为虽然暂时缓解了症状，但是从长期来看使问题一直持续。在某种程度上，这些给我们带来安慰的行为可以被我们理解为“短期收益，长期痛苦”。学习和发展更健康、更好的应对机制是很重要的，这样可以有助于我们更好、更投入地生活。我们接下来将讨论处理这些负面情绪的方式。

不难理解为什么我们会用这些行为来避免不适的感觉。当你在试图改变时，尽量对自己友善、耐心，用一种同情的眼光看待你的囤积问题。记住还有其他的方式可以应付这些不适的感觉，但是你需要承担风险，尝试新的方式可能会在一开始让你感觉有些不适。这样做并不容易——我们人类从天性上讲是习惯的动物，倾向于坚持那些已知的、让我们有完全感的行为方式。

认清感觉

首先从认清与你囤积问题相关的感觉开始。识别这些情感最简单的方式就是通过挑选一件你的囤积物品，然后考虑把它扔掉。

当你挑选这件物品并考虑把它扔掉时，你感觉如何？我感觉：

____

____

____

你身体的哪个部位感受到这种感觉？

____

____

____

问问自己，这种感觉对你意味着什么？

____

____

____

不适的感觉由我们的信念驱使，由我们试图用来缓解不适感受的行为维持。写下当你在处理你的囤积问题时，所体验到的不适的感觉。

____

____

____

整合

既然你已经明确了不适感、行为和信念，那么请拿出一张空白的纸，在中间写下你的概念化定义以及对应的结果，正如我们在前一章做过的那样。像这样画个圆圈：

下一步就是将囤积癖与情感相连。从圆圈向外画出一个箭头，使其与你所确认的行为、信念或者不适感之一连接。

选择情感中的一种，把它写在从囤积之花中心画出的箭头旁边。情感的例子可以是焦虑：

如果我失去这些囤积的东西，那么我就没办法正常工作生活。

与囤积癖相关的不适的感觉、信念以及行为都会产生短期或长期的结果。在短期内，你会感觉良好、信心满满，不焦虑、不痛苦。但是长此以往，你会囤积更多的物品。结果就是，你还深陷在以往的行为中难以自拔，你的囤积问题一直持续。现在，该到认清你每个行为所产生的后果的时候了。

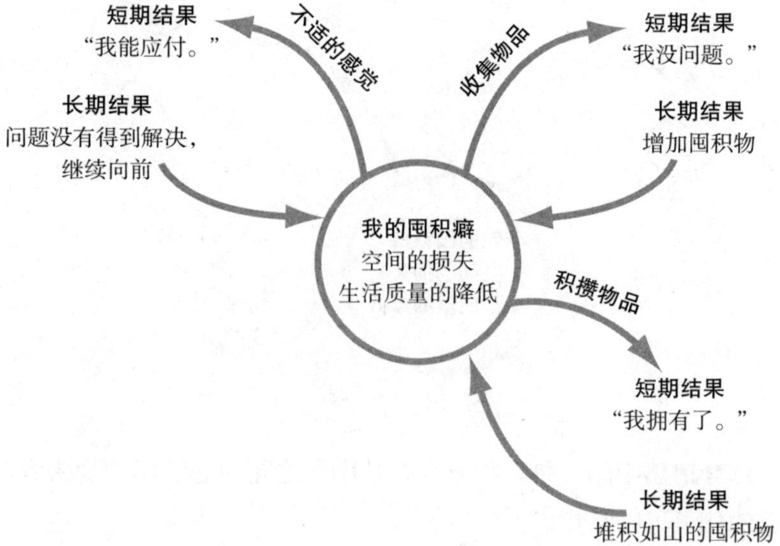

上面的图表显示出，不适感、信念和行为让你倾向囤积更多的物品。现在请用下图发展和完成你自己的概念化：

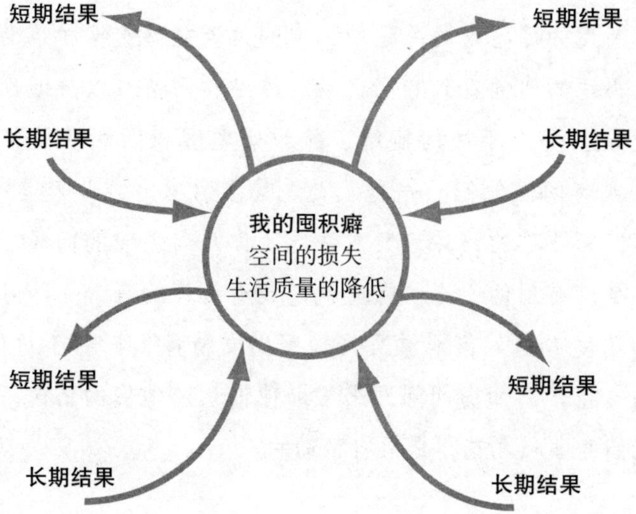

现在你已经应用囤积之花将自己的囤积癖概念化。如果你把行为、信念和情感放在一起，你将能够理解它们是如何协同合作并让你的问题一直持续的。

我的囤积问题是因这些行为、信念和不适感才继续着：

____

____

____

家人朋友必读

我们都不时会体会到不适的感觉，并想办法应付它们。一些行为是有帮助的，而其他一些则没那么有帮助（例如逃避它们）。在与你亲近的那些人的关系中，你的角色能够支持和帮助他们容忍这些不适的感觉直到它们过去。体贴和同情可以帮助你深爱的人忍受这些令人不快的情绪，并为处理囤积问题继续努力。想想——或者问问他们——他们此刻需要什么。或许只是个拥抱，或许仅仅需要你的陪伴，又或许就是你几句温暖的问候。还要思考哪些是没有用的，比如唠叨抱怨或者批评的言辞。尽可能站在他们的角度考虑如何能够更好地帮助支持他们应对不适的感觉。实际的支持，例如询问问题来帮助他们认清他们的信念，进一步完成他们的囤积之花，是很有帮助的。

小贴士

- 确认自己所体验到的与囤积癖相关的感觉，认清你在应对它们时相关的信念和行为。
- 不要逃避这些感觉，而是要学习与之相处，正是你想用来缓解这些感觉的行为使得它们一直存在。
- 写下你的感觉——因为它们很容易被遗忘。

阻碍

“我不知从哪里开始。”

以选取一件囤积物作为开始，观察并确认你的感觉如何。精确定位到你有这种感觉的身体部位，并确认这种情感对你的意义所在。

“我不知该做什么。”

请一位家人或者朋友帮助你。当你有那种不适的感觉时，寻求他们的支持。问问自己那些不适感对你意味着什么。

“我需要一个心理治疗师帮助我。”

先尝试下自己解决，你会发现你能确认自己的信念，而且你一直在这么做。成为自己的心理治疗师。

“我不知我有什么感觉。”

时刻谨记，这里并无正确或错误之分。你只需感受到你当下的感受。把你的这种感受命名，你可以自己决定这些感觉对你意味着什么。这些感觉或许不会让人很舒服，所以要对自己好一些，接受这些感觉，就会慢慢让这些不适感过去。你可以应付得了。

关键信息

- 理解行为、信念和情感三者如何让囤积问题一直延续，是相当重要的。
- 认清这些行为、信念和情感，并将它们指认出来，这一点非常重要，这样你才能高效地处理你的囤积问题。
- 时刻谨记，你现在做的工作是为了收复空间，再塑美好生活。

8

控制你的问题——收复之花

近几章都聚焦于如何理解自己的囤积问题。当然，深入了解自身囤积癖的本质是非常有必要的，尤其是它延续的方式和原因。这有助于你找出解决问题的最好办法。

既然已经了解了自身的问题，那么现在该到发展自己的练习方法，来收复空间的时候了，你可以根据自己的信念、情感以及需要改变的行为设计可视的表格。收复之花就是一张由各种解决囤积问题的行为组成的地图。

让我们以把这些行为列成一张表为开始吧。你已经拥有各种你需要的信息——你在最近三章的囤积之花练习找到它们。这些就是我们需要整理的部分。

很多人都觉得当我们的环境被清扫干净——无论是我们动手还是在别人的帮助下——之后，囤积物都会慢慢再次聚集。收复之花的目的就是帮助你培养一种方法，通过处理每一片花瓣上包含的问题来收复你的空间。我们经常听人提及“必须处理问题的根源”，这句话对于克服自己的问题的确非常重要。在这个练习中，我们试图解决让囤积问题继续的因素。

使我囤积问题一直持续的信念、情感以及行为因素如下：

信　念	情　感	行　为

现在你已经把延续你囤积问题的因素列入表格了，下一步就是对解决囤积问题有促进作用的替代性信念和行为。

针对每个替代性信念，将支持它的证据记录下来。例如，信念：即使我没有了这件物品，我也可以自如地生活工作。证据：我已经很久没有看见和使用过这件物品了，我仍旧生活得很好。我在日常生活中不再需要这件物品了。

收复之花

手边准备好填入信念的表格，再拿一张空白的纸。在纸的中心区域认真地写下“收复空间，重塑生活”，并把这几个字圈起来。这就是你收复之花的花心。

下一步就是从你的收复之花的花心向外画个箭头。想出一个新的行为，能够帮你处理你的囤积物的行为。例如每天扔弃囤积物或者将囤积物分类。将它写下来，并列出它的短期结果和长期结果。例如，扔弃囤积物的短期结果可以是囤积物数量的减少，而长期结果可以是囤积物被彻底清除。

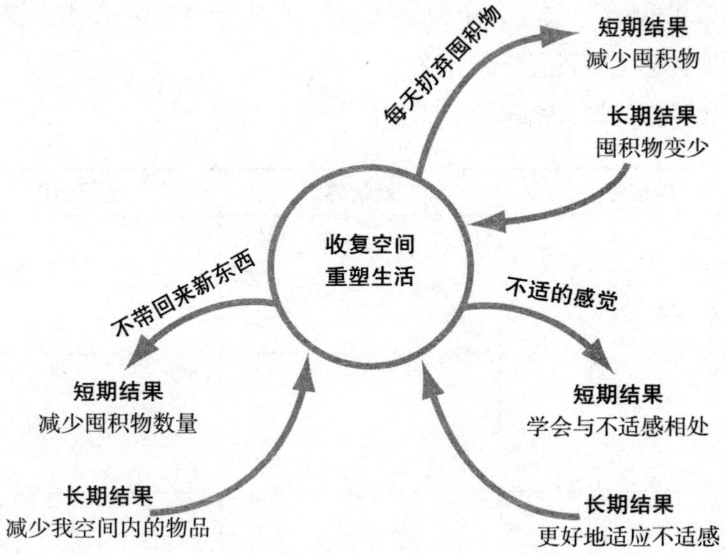

上面的练习给出了一些你可能会用来解决问题的新行为的例子。收复之花的花瓣可以由你的新信念、情感（你想有些什么不同的感觉）以及行为组成。

确认你的新信念、情感以及行为

为了确认与你囤积癖相关的一系列新的信念，首先要回顾一下你对新生活的最初愿景。尽可能真实地还原你的想象。如果你发现这样做很难，可以参照照片、杂志上的图片，或者朋友家的样子，你之前去过的某个让你有印象的地方。当你已经有了这样一个图像问问自己：

我现在有什么感觉？

这种感觉对我意味着什么？这种感觉告诉了我什么？

为了可以有这种感觉，我应该做哪些改变？

如果我做了改变，结果会怎样？那又会给我带来什么样的感觉？那种感觉对我意味着什么？

我的新信仰、情感和行为是：

新信念	新情感	新行为

在你的收复之花中加入新信念、新情感以及新行为。

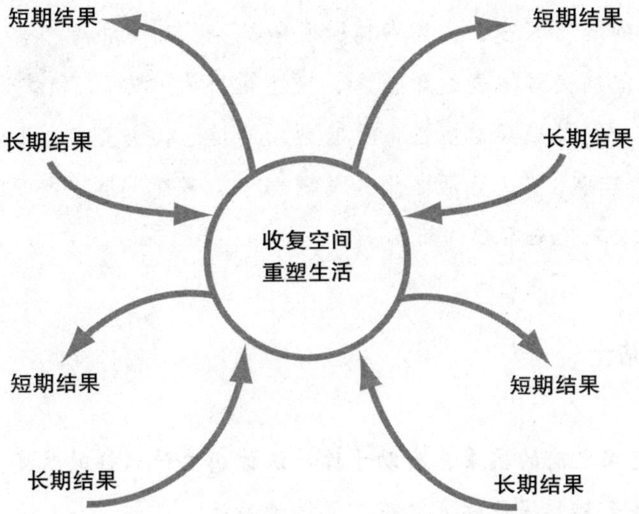

现在，既然已经用收复之花做了一个全新的概念化，那你怎么理解这些新的因素在帮助你收复空间的过程中所扮演的角色呢？

我的新信念、新情感以及新行为：

____

____

____

都是很必要的改变，会在我收复空间的道路上助我一臂之力。

家人朋友必读

关于如何收复空间，你可能有自己的想法，但是请记住，只有囤积者本人才可以控制和决定他自己需要采取的步骤。你可以针对他的计划提出疑问，鼓励他们创造头脑中的意象，或者帮助他们完成收复之花，并可以找到一个合适的场合展示并保存起来。如果你发现创造新的意象很难，你可以帮忙找些图片或者把患者带到朋友家中，去切身体验宽敞的空间带来的享受。你还可以帮助他们更好地表达新信念、描述新行为的方法，让它们变得更明确。发展更具适应性，更有帮助的信念，并把它们记录下来是收复空间、重塑生活之旅的关键部分。多想些既有趣又激励人心，给未来带来希望的新点子。

小贴士

- 重温之前的愿景，有助于你确认你想要什么样的改变。
- 每天都要提及收复之花，并持续关注。
- 如果执行途中遇到障碍，请参考收复之花以及花瓣上的例子。
- 在你在进步的过程中，你会碰到更有帮助的信念和行为。把它们记下来，填入收复之花的花瓣中。
- 在家中明显的位置贴上你的收复之花，比如冰箱门上，或者其他易于看见的地方。这将成为恒定的参考点。

阻碍

“我没能力想出新的信念、情感和行为。”

首先问问自己，你的愿景是什么？如果之前的愿景出现了，你感觉如何？为了体会那种感觉，你要做哪些改变？如果你已经做了改变，那种改变对你意味着什么？

“我无法让最初愿景在我头脑中具体化。”

使用你喜欢的环境的照片，比如朋友的家或者你去过的地方。

“我很难有不同的感觉。”

问问自己，如果你没有囤积癖，或者家中没有堆积如山的囤积物，你感觉会如何？你的感觉与以往会有何不同？这种感觉对你意味着什么？

关键信息

- 你脑海中的愿景对于发展收复之花具有关键性作用。它有助你明确目标，朝着正确的方向前进。
- 收复之花是你收复空间、重塑生活道路上的重要组成部分。
- 收复之花是你旅途中的地图，帮助你在路上克服重重困难。
- 收复之花将强化你新建立的，更健康的信念、情感和行为，确保你在克服囤积癖的道路上越走越远。
- 收复之花可以让你自己把控改变的进度，帮你保持专注。

9 故事法

前面几章一直聚焦在培养你自身囤积问题的概念化上，采取的方式就是分析你的行为、信念和情感是如何让你的囤积问题一直延续的。个性的概念化集中在当下，因为情况也在时刻变化。

现在，我们可以回头看看你的生活，这种回顾有助于处理与囤积相关的各种难题——事实上，还有很多其他的问题。我们可以经常就某个问题或者困难寻求专家、朋友或是亲戚的帮助。我们带着故事去讲给他们听。通常，他们会问我们是怎样的问题，什么时候开始的，怎么开始的。回答这些问题最好的方式之一就是给他们讲述我们自己的故事。

谈谈囤积癖是非常困难的。原因很多，尤其是囤积癖可能被认为是一个禁忌的话题，与尴尬和羞愧等情感有关。然而，尽管如此你还是有必要讲述你的故事，为的是帮助你更深刻地了解你的问题。

你的故事一定是独一无二的。它是你的故事，仅是你一个人的。你的故事令人陶醉，有着许多从开心快乐到悲伤痛苦的起起落落。带着目的去讲述它，这样是有益的。然而，我们很可能会陷入习惯，以一种毫无用处的方式来讲述故事，正是这种习惯使得我们的问题一直延续着，尤其是当我们谈到过去的事情时，很容易会变成这样。如果我们倾向于关注我们故事的负面（心理治疗中我们把这个过程称为思维反刍），就可能对我们的情绪产生影响，让我们感到沮丧。为了帮助我们继续前进，保持平衡并且关注积极的、有建设性的因素是非常有帮助的。

人们往往认为囤积癖是他们的一部分，而不是他们可以处理的一个问题。而且这个信念会被“我是个囤积者”之类的话反复强化。在本章中，我们来看看怎样以一种对你有帮助的方式来讲述你的故事。

在完成每个练习之后，定期回顾是非常有益的。仔细回想你的所作所为，花点时间反思你所做的一切。这将帮助你以不同的视角去看待你所相信的，以及你看待事物的方式。我们都有过头脑发热的时候，但是时间的流逝会为我们提供不同的看待事物的能力，帮助我们不断成长。

如何讲述故事

当你思考该如何谈论自己时，你可能会想到很多种因素：

你的故事是关于什么的？

谁是故事里的主角？

故事的情节是如何展开的——故事中事件的顺序是怎么样的？

故事的冲突是什么？它们又是如何解决的？

最后发生了什么？

你从中学到了什么？

当你正在讲述关于你囤积问题的故事时，你要把你自己和你的问题剥离开来，这是很重要的。这就好像你把它从自己身上拿出来，放到旁边。你需要跳出来，换一个视角。结果就是你可以把自己看成是一个人，有着囤积问题，而不是一个有囤积问题的人。

你渐渐会发现，当你认为囤积问题不是你自身的一部分，你就能更好地处理它。你会感觉没那么不知所措，能够更轻松地制定行动计划来处理你的囤积问题。你所需要做的一切就是在描述你的状况时改变用词，不将问题“人化”。让我们看一个例子：

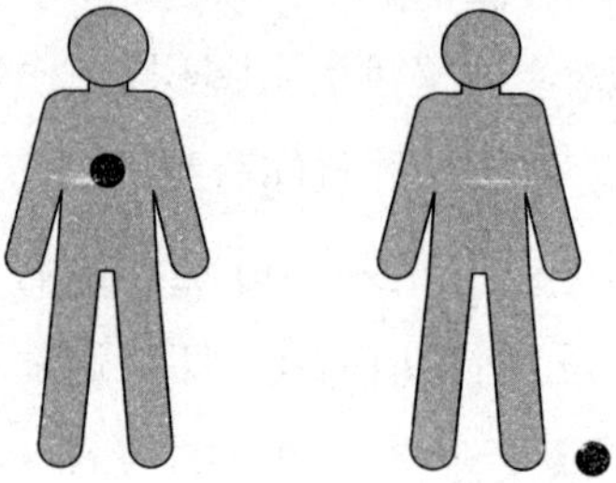

A　　　　B

在本例中，A 将问题视为自己不可分割的一部分。他们的语言反映了这一点：“我就是个囤积的人。事情有时会变得很糟糕，我也会情绪低落，快得抑郁症了。”

让我们再来听听 B 的心声。仅从他的语言中，你能够判断出他将自己和问题分开了吗？“囤积癖给我造成了很多麻烦，如果我恰好有些抑郁，那么事情可能会变得更糟。”

我们使用语言和隐喻作为工具帮助我们理解并解决我们的困难。如果你这样说，“我的囤积问题就像是在我脖子上套着的磨盘”，这样的语言会让你感觉你正经历的困境是囤积问题带来的。当你回顾你的生活，而不仅仅只局限于当下的困难你会获得更充分的理解和更直观的视角。当我们感到不堪重负时，我们很容易会忽视生活中已取得的成绩和正面积极的事件。经常提醒自己这一点非常重要。

想象一个最近让你生气、懊恼甚至沮丧泄气的情境。把它简要地写下来，发生了什么事情，事件中都有谁，事情是怎样发展的。

____

____

现在来检查一下，你的故事中是否包含下面所有元素：

这个故事的主题是什么？

谁是故事中的主角？

故事的情节是如何展开的——故事中事件的顺序是怎么样的？

故事的冲突是什么？它们又是如何解决的？

最后发生了什么？

我从中学到了什么？

生命回顾

生命回顾是帮助你全面讲述故事的一个有用的方法。在这个练习中，你会发现你将现在与过去进行比照——这是很正常的。你会不断思考和回忆，这会唤起一些尘封的情感。记下来这些感受，因为它们可以帮助你更好地理解生活中遇到的情况。

有时候，撰写自己的生命历程或许会引起一些自己觉得很难应付的情感。你会感觉不知所措。帮助你处理情感的方法之一就是控制你写作的时间，比如就写30分钟，然后找些其他事情做，缓解写作时勾起的思绪和情感。你可以每天安排一个固定时间用来写作，然后进行一个计划好的奖励活动，比如出去和朋友散散步，或者放松地听听音乐。万一碰到一些难以应付的事情或者情感，你或许需要寻求专业的帮助，咨询医生或合适的专业人员。更多细节请参见附录。当你觉得准备好开始练习，请仔细阅读以下的说明。

找个舒适、安全，没有太多干扰的地方，静静地坐着。准备好你的便签本和铅笔。放松，深呼吸，闭上双眼，呼气。清除你心中所有的焦虑。阅读下面的问题，一次一个问题，并做笔记。之后，与家人或朋友分享你的故事，记下你在练习中的感受。

年　龄	问　　　题
幼年	你还记得的最早的事件是什么吗？你当时在哪里？你还记得当时有哪些人在场吗？
	你家中有兄弟姐妹或其他家庭成员吗？当你还是小孩子的时候，他们都是什么状况？
	你还记得小时候的郊游、短途旅行或者度假吗？当时你的空闲时间在做什么事情呢？你去了哪里？和谁一起去的？
	你还记得生病或者发生其他状况的情形吗？
青少年	当你正值少年，在你的城市长大是一种怎样的经历？
	当时哪些人对你来说很重要？家人？师长？朋友？描述一下每一个人。
	你十几岁时有过工作的经历吗？
	在你的家乡，对一名十几岁的少年来说，最糟糕的事情是什么？
	你还记得十几岁时，自己不得不去处理一些棘手或困难的事情的情形吗？
家庭	你的家乡是什么样子的？那里你最喜欢，最吸引你的地方是什么？
	你能记得的在家时最开心的时光是什么时候？
	你最像家里的哪个人？
成年	仔细想想你成年生活中的两个重要事件。把这两个事件分别记下来。当时都有谁在？在哪里发生的？
	在这段时间里你是否建立了重要的友谊？
	这段时间你工作吗？你的职业是什么？
	你认为你生命中的人和人际关系经过这么多年有变化吗？
	处于现在这个年纪，你觉得最好的事情是什么？

一旦你结束这个练习，通读一遍，然后仔细想想你的感觉如何，你从中学到了什么。

回顾生命让我感觉如何？

____

____

____

我从中学到了什么？

____

____

____

反思你的整个生活会给你一种理清了来龙去脉的感觉。把你当前的问题放置在你的成长历程的背景下思考表中，会让你更好地理解问题所在。这使得你能更好地将你和你的问题分开来看，并在处理囤积问题过程中发现你的优点和技巧。

“亲爱的囤积癖”

给你的囤积问题写封信，这个想法似乎很奇怪，但是这对帮助你克服障碍非常有益。与之前的要求相同，找一个安静、安全的地方，保证你在这个地方不被打扰也不会分心。尝试几次深呼吸，将头脑中纷繁的事情全部清空。信件以直呼你的囤积问题“亲爱的囤积癖”开头。别着急，慢慢来——写下来这个问题对你意味着什么，它对你的生活有着怎样的影响，把优点和缺点都记下来。

写完这封信后，再读读，回顾下，反思下。仍有一些内容你可能要重新审视，看看是否会有不同的理解。下面是一些关键信息，帮助你开启你的这封信。

我如何理解我的囤积问题？

____

我的囤积问题开始于何时？何地？

我的囤积问题是如何一直持续的？

针对我的囤积问题，我能做什么？

撰写这封信会帮助你在你的囤积问题是怎么来的，囤积问题对你生活的影响以及你希望怎么处理它这三者之间建立联系。

家人朋友必读

讲述生活故事或者撰写给囤积癖的信的过程都是困难的，容易触发各种情绪，但同时这种方式能很好地帮助当事人将现在与过去连接起来，促进领悟。他们可能希望你作为见证人或者将他们的信念给你听。还有些人可能会认为这件事是非常个人、非常隐私的，尊重他们的意愿是至关重要的。如果他们的关注点集中在困难时期或回忆里，你可以帮助他/她强化积极的经历。建议在一段计划好的写作时间之后安排一场愉快的或奖励性的活动，这样或许会对他们起到支持作用。

小贴士

- 花点时间思考，撰写属于你自己的故事。
- 把要点写下来，使用本章的指南来帮助你建构故事。
- 留心你正在使用的语言，以及你谈论自己的方式，可能会有帮助。
- 无所谓正确或者错误；这只是你的故事。
- 把你的故事分享给你信任的人。
- 每个人都有自己的故事。讲述的过程帮助我们更好地梳理、理解我们的过往。
- 讲故事是正常生活的一部分。
- 讲述故事的练习帮助我们与自己、他人和世界相联。
- 我们的故事，让我们感觉到自己与他人的联系。
- 记住那些积极的经历，因为他们常常被忽视。

阻碍

“没有安静的地方能让我写作。”

如果你在家没有合适的地方，你可以去图书馆、咖啡厅、公园或者朋友的家里寻找一方宁静。这个地方要能够让你感到舒适安逸，也应该是没有干扰的。

“我想不起来过去的事情了。”

对自己耐心一点，温和一点。当你开始写作——写你的故事、生命回顾或者一封信——你会发现你将唤起对过往的回忆。不要期盼你能够记住过去的一切。你会发现，你的记忆会一直漂浮在那里，在最不经意的时候出现。

“回忆太令人烦躁不安了该怎么办?”

回忆或许是令人烦躁不安的，但是并不意味着这是个消极的体验。情绪会帮助你想起过去你是如何处理那些事情的，也会让你意识到过去你在处理那些难题时展现出的勇气与坚持。完成这个任务之后，参加一些放松的活动，或者与朋友家人聚会，这些都会对你有所帮助。

关键信息

- 讲述你自己的故事是很有帮助的，尤其在当你试图了解自己的囤积问题的发展时。
- 当你自己撰写故事时，你完全掌控叙述的节奏，以及你讲述的方式。
- 写作过程中你选择的辞藻会影响故事对你的意义。
- 讲述故事的过程也是一个宣泄的过程，因为在这个过程中，你充分表达和释放了自己的情感，并对它们进行了整理。
- 讲述故事将帮助你学会关注过往经历中积极的方面，而这些很容易在你面对困难时被忽视。

10
网格法

我们希望前几章中的练习方法，能让你有机会充分理解自己的囤积问题。

囤积之花练习帮助你在信念、情感以及行为三者间建立联系。讲述故事则是把与囤积问题相关的过去、现在以及将来串联起来。你的愿景则指引你最终的目标。这是一个非常重要的过程，正如认知行为疗法依赖于对问题触发机制以及延续机制的理解。这种内部的洞察能让你着手解决你的问题，选择合适的干预措施。你现阶段出现的许多问题最终都可以由此得到解答。

既然我们已经将自身问题和康复计划进行了梳理，从本章开始，我们将重点关注对付囤积癖的各种干预措施。

当我们着眼于自己的居住环境，看到了满屋的杂物，经常会感觉到不知所措。这样会导致我们在即将开始整理之前就轻言放弃。我们会感觉自己像丧失了活动能力，只想做出逃避行为，比如从这个空间迅速逃离。我们或许会让自己忙于其他的活动，把这些杂物继续留在家里。

控制这种感觉的一种方式是选择一个可以对你的状况带来即时的改善的区域，从该区域开始动手清理。问问自己，哪个房间对你来说影响最大？比如，你可能没有地方睡觉，那么此时卧室是最重要的场所，卧室的改善会让你能更好地休息。然而，你感觉不知所措、无从下手时，哪怕一片非常小的区域也会显得惊人地庞大。这时候，你可以用网格法把这片区域划分成更小的片区。在接下来的说明中，我们会展示如何把区域变小，以便让你用更高效地处理你的囤积物。

确认准备开始工作的整块区域

我选择的重要区域是

____

____

____

将这块重要的区域/房间画成图形。通常情况下，画个正方形或者长方形就足够了。粗略地画一下你家具摆放的位置，然后用纵向和横向的线来把房间分成较小的片区：

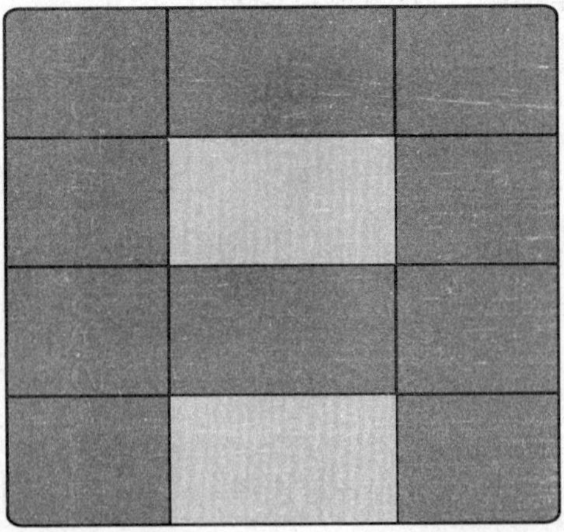

每个正方形或者长方形代表一个你打算整理的区域。与整个空

间比起来，一个网格代表的区域看起来更好上手。你需要清理的区域看起来也会变得更小，更具有可操作性。

网格分类

让我们列出这个小范围内的各项物品，以及它们对你的重要程度。比如说，如果有图书、杂志、报纸或者服装。请按照类别分类，而不是将它们视为每件单独的物品。把这些物品按照优先级排列，来帮助你开始工作。举例来说，就以上文我们提到的物品为例，你的优先级可以是首先处理报纸，然后是杂志、图书，最后是服装。

既然你已经在网格中确定了较小的区域，那么这个区域内的物品分类可以是：

a.

b.

c.

d.

e.

现在请把上面分类从 1 到 5 排序，1 为代表最容易处理，5 代表最难处理。

1.

2.

3.

4.

5.

现在，你可以从最容易处理的物品开始，系统化地进行整理，而不会像之前一样卡壳、不知所措（停滞不前会降低你清理杂物的能力）。你会发现，你形成了一个分类并清理杂物的模式，当你以后处理更困难的区域时，这一定会对你有所帮助。

正如在其他章节中讨论过的一样，争取家人和朋友的帮助在你开始清扫物品的最初阶段一定是非常有帮助的，尤其当你在处理较为困难的区域时。

运用你的活动时间表，让每天清理成为一种坚持努力的方式。

家人朋友必读

与那些你支持的人讨论从哪个区域开始清理最有意义以及清理之后的好处是有价值的。帮助他们准备网格系统，建立系统的工作模式来使待完成的任务看起来不那么具有压倒性，确保他们在决定分类不要太过沉溺于细节。如果他们带着自己计划来找你，试着用适合你们的方式去共同完成它。当他们需要做出更为困难的决定时，你在现场的话会有助于处理掉杂物的过程。需要重申的是，当取得进步时不要吝惜自己的鼓励。眼睛要看到改善，哪怕再小，都要给出奖赏。询问你的朋友或家人，他们打算如何使用清理出的空间。

小贴士

- 在你觉得有价值的地方多走几圈，感受一下——在脑海里形成一幅地图。
- 如果找不到一个明显可以开始工作的区域，那么从哪里开始都可以，比如说从房间入口处开始，按照你的节奏、有条不紊地往房间内推进。

- 不要花太多时间担心你存放在四处的物品——一个宽泛的分类定能满足要求。
- 找到离家最近的垃圾箱，留心垃圾收集的时间，充分利用它，尽快摆脱那些塞满房间的囤积物。
- 寻求朋友或家人的支持，尤其在你遇到难以清理的物品时。
- 处理杂物的过程中，找到对你来说最管用的办法。
- 写下你做过的事情，重新审视你的网格，再画一次网格，标出你已经清理掉的部分。
- 确保你在一个确定的区域工作。不要从一个未完成的区域转向另一个。通过坚持不懈地在同一个网格内努力，你会看到囤积物在减少，这种改变会让你看见希望。
- 务必将你清理出的杂物搬出你的环境。通常，人们处理杂物就是把它们从一个房间挪到另一个房间。这就是所谓的“内部循环”或“迁徙”。囤积物丝毫没有减少，这样的话对你毫无帮助——在第19章“陷阱”中我们也会讲到。
- 每次你出门的时候，拿一袋子杂物扔掉或者送走。这将帮助你开发处理杂物的新模式。
- 联系一个自己信任的朋友或者家人，告诉他们你当天的计划，当天的晚些时候给他们电话告知你的进度。如果你没有合适的人联系，那么请写下你的计划，当天的晚上回顾并更新自己的进度。

阻碍

“我不知道从哪里开始才好。”

在房间里多转几圈，画下你的网格。身处房间中会帮助你决定从哪里开始入手。从门口处开始可能会比较容易，随着清理的深入慢慢拓展出更大的空间。

“屋子里面的东西太多了，很难分出类别。”

不要被太多细节干扰——只需要粗略地分类即可，例如杂志、图书或报纸。不要为清单中特定的分类或者标题的命名而太过纠结。

“有些囤积物太难处理了。”

暂时把难处理的物品放在一边，先把它们挪到其他区域——最容易处理的物品最先处理。晚些时候再来对付这些难处理的物品，想必那时你已经拥有了更高的技巧，并获得了更多的支持。

“做决定对我来说好难。”

不能下决心或者害怕会做出错误的选择，这些都是正常的。晚些时候再做艰难的决定，不要让它们成为障碍。阅读本书的过程中，你会学到做决定的各种方法，带着你的信念一同出发。

关键信息

- 使用网格法，把你打算清理的重要区域分成更小、更容易管理的部分。
- 建立自己处理杂物的层次——这会帮助你优先处理最容易的部分，逐渐提高你抛弃杂物的技巧。
- 写下你自己的小窍门和关键信息，归纳出你觉得在清理杂物时有效的方法。
- 清理出一个空间后，以享受这个空间并拥抱这种感觉来庆祝一下。
- 充分利用你的愿景并利用 H.O.A.R.D. 方法来激励你。

11 杂乱图像评定表

凌乱不堪的房间会让人感觉不知所措，这也通常是为什么人们不愿意整理囤积物的原因之一。情况经常是，环境太乱了，人们无法开展工作，最后只好放弃。网格法十分有用，它可以帮助你划出一小块工作区域，这样可控性更强，工作的焦点也不至于到处切换。

我们在美国的同事已经研究出视觉测量工具——杂乱图像评定表。临床医生应用这种量表评估一个人家中的杂乱程度来判断病情的严重性。该量表以 1 到 9 分数来代表囤积的严重程度。杂乱图像评定表可以用于同一家庭不同房间的测量，在网上就可直接使用。附录中就有一份，可供参考。

杂乱图像评定：卧室

请从下列照片中选择最能反映你房间杂物数量的一个。

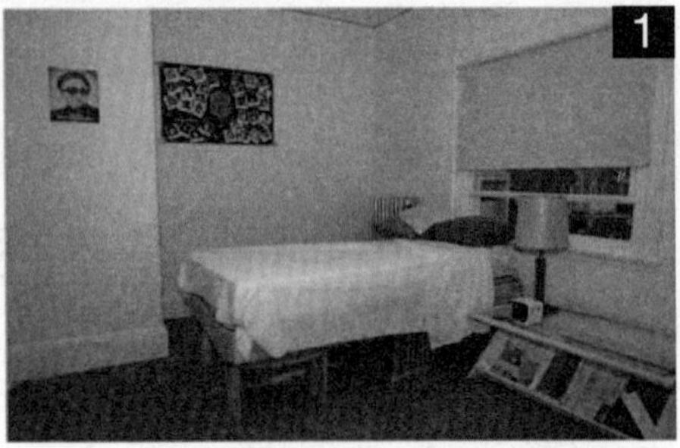
1

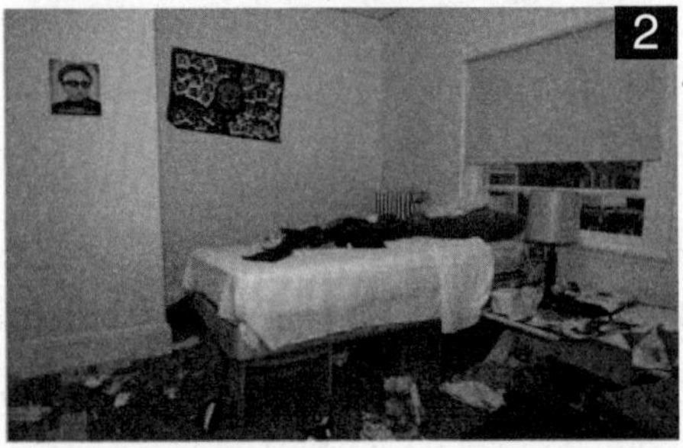
2

3

4

5

6

7

8

图片展示了杂乱不堪的房间一旦被清理了会是什么感觉。这与你在第2章练习中创造的愿景非常相像。有所不同的是你的愿景是建立在自我想象中，而该量表中的照片不那么抽象，更为具体了——更容易建立起直观地联系。定期对特定区域反复进行测量，记录下变化。

这个测量的另一个好处就是，你本人（而不需要一个临床医生）可以在自己的环境中通过评定杂乱程度来自我评价。你可以自己把握一切，凌乱房间的照片在这方面是很有用的，只要你把自己的环境和照片进行比较。该量表便于操作，不需要任何专业培训。你需要做的一切就是选择最能代表你现阶段生活空间的照片。你可以使用这个量表来计划减少杂物的步骤。这是一个循序渐进的方法。

量表的应用

一旦你下载了杂乱图像评定量表，把它带到你打算清理的环境中。使用这个方法来衡量你在前面章节中选定的即将整理的区域。当你完成评估后，问问自己，你想这个房间变成什么样子，考虑下清理需要花费的时间和恰当的清理时机。对于你能够做到什么程度，保持客观理性的态度。在每个阶段，参照量表中的图片，确定自己在这个阶段要达到的目标，把那张图片标注出来。接下来，问问自己为了达到这个目标，需要做些什么。作为计划把这些步骤写下来，列入你的时间活动表中。

评估你的房间

正如前面章节所示，一旦你已经采用网格法来分割空间，现在就可以使用杂乱图像评定量表来判断囤积情况的严重程度。

运用杂乱图像评定量表，我决定开始清理的区域，囤积严重程度评级为：

____

____

____

一周后对照评定量表再次确认你希望房间一周后是什么样子。时刻记得你的目标要客观现实，是在这段时间真正能够达到的结果。

第二周我希望房间呈现的样子，对照测评量表，可以评级为：

____

____

____

既然你既有最初的评级，也有之后要达到的评级，现在就需要制定一个行动方案。

我的行动方案是：

____

____

____

将这份计划并入你的活动时间表中，确保你可以留出时间努力清理这片区域。在动手清理之前拍张照片，如果不方便拍照的话，粗略地勾勒一张这个房间的布局草图，用笔将清理部分打上阴影。

拥有自己的判断标准是非常重要的，通过你的标准，你可以判断是否完成了计划中要求达到的成果。

我会知道我已经达到了这个评级的标准：

____

____

____

因为这个房间将成为：

____

____

____

记录下你已经从这个空间中移除的物品。拍照留存有助于你晚些时候回顾房间当初的样子。如果你无法拍照，再次在纸上画出这个区域，并将清理过的区域作上标记。与使用照片一样，你也可以用图画来评估前后变化。

家人朋友必读

杂乱图像评定量表可以帮助你客观地评价你家人/朋友的进步。如果他们寻求你的帮助，你或许可以提供实际的帮助，比如打印杂乱图像评定量表，或者在互联网上下载它。帮助他们制定计划，通过回顾照片以及评定现状来识别进展的障碍。在家中显著的位置张贴这个量表的图片也是非常有帮助的，当然这个方法务必要取得囤积者本人的同意。鼓励囤积者将这个评定量表作为促进改变的技巧之一。

小贴士

- 制定一个规定时间内你可以达到的目标，但是记得要客观实际。
- 将杂乱图像评定量表放置在一个显眼的地方，这样可以随时提醒你需要达到的目标。
- 应用这个评定量表进行定期的检查，不断提醒自己。
- 如果你的目标很难达成，那么请重新制定标准。
- 向家人和朋友寻求帮助，以顺利地完成这项任务。
- 选定一个方法，并坚持用这个方法来清理选定的区域。
- 制定处理杂物的计划，将其列入你的每日活动安排——这样可以确保你不会三天打渔，两天晒网。
- 在评定量表上选择代表你的房间“事前”和“事后”状况的图片，用箭头将它们连起来，代表你希望你的房间有什么改变。
- 如何知道自己已经取得哪些成果呢？在脑海中确定一个标准，把它写下来。
- 记录下整理时已经弃除的物品名称。

阻碍

“我无法获得杂乱图像评定量表。”

杂乱图像评定量表在互联网上非常容易获取。如果你没有电脑，可以去当地的图书馆，通过图书馆的网络和电脑打印一份。本书后面的附录中也有一份。当然了，家人和朋友也能帮助你。

“我不知道我需要采取哪些步骤。”

考虑处理杂物需要采取的步骤在一开始的确是一件很困难的事情。阅读接下来的几章，然后再返回到这个部分，使用杂乱图像评定法来帮助你制订行动计划。千万不要让最初的困难阻止你向前的脚步。

“我怎样才能知道我已经达到了杂乱图像评定量表中更低等级的标准?”

首先，你拥有杂乱图像评定量表中的照片，这些照片可以提供参考。你也已经制定了自己的标准。这将帮助你确定与量表中较低评级相近的房间的样子。

关键信息

- 应用杂乱图像评定量表作为工具，制订一个系统的方法来处理你的囤积物。
- 该评定量表将确保你能够不断评估你房间的杂乱等级。
- 制定一个规定时间内你可以达到的目标，但是记得要客观实际。好高骛远或过低估计都会导致失望和沮丧。
- 坚持使用一种方法。仔细回顾评定量表，因为视觉影像是强有力的提醒方式，它可以经常提醒你未来居住环境的样子。
- 使用你的愿景和 H.O.A.R.D. 法来不断提高你的积极性。

12
“可抛弃”“不可抛弃”“或许”

在囤积者当中，经常听到这样的抱怨就是很难下定决心丢掉囤积物。没有人愿意丢掉自己未来可能会用到的东西，这是情有可原的。但是通常情况下，我们会把这些东西晾在一边，再也不怎么用它们了。生活其实就是冒险的过程。冒险能帮助我们更好地应对环境，因为它教会我们运用新的、更具适应性的方法来适应不同的环境。

我们基于自己的情感来做决定。情感不是客观现实，会扭曲我们的感知。我们中的每个人都知道我们需要和不需要的东西，但是当我们要下决心时，我们又开始陷入怀疑了，结果就像瘫痪一样停滞下来。而这些怀疑由我们的信念和情感推波助澜。类似的情况还发生在当我们有很多选择摆在眼前的时候。

解决办法之一就是将物品分成三大不同的类别——三堆。第一类是明确的可以被扔掉的物品——“可抛弃”堆。“不可抛弃”堆是指那些不能够被扔掉的物品，而“或许”堆是那些还吃不准是否要丢掉的物品。当不得不丢掉囤积物时，这个办法可能会有帮助。最容易确定的就是“可抛弃”堆以及“不可抛弃”堆，“或许”堆就可以晚些时候再做决定。

你会发现这样的三种分类使得你处理囤积物更为容易，降低行动拖延的风险。对于每一类物品都拥有清晰的判断标准会很有用。比如，整理纸张垃圾时会决定有一段时间不读的报纸——上个月的报纸，或者一些一年前的账单可以被扔掉（“可抛弃”堆）。“不可抛弃”堆可能包括与工作或者需要税务细节相关的文件。如果需要再仔细想想的物品就要放在“或许”堆。

三堆法

当你运用第 10 章中讨论的网格法选定即将清理的区域后，将物品三大堆：“可抛弃”堆、“不可抛弃”堆以及“或许”堆。确保你已经准备好黑色垃圾袋或者其他类型的垃圾袋。把垃圾袋放在手边，保证每次可以迅速地扔掉可抛弃的杂物，降低你继续筛选保留这些已确定可抛弃的杂物的风险。

快速决定的方法之一就是只给自己留三秒钟的考虑时间；这就是著名的“三秒规则”。一个物品的去或者留就用三秒钟来考虑。当整理报纸时，最好手边有几个活页夹可以用。如果碰到你认为有用的报纸，你可以把它们直接放在里面。

看看你选择进行清理的区域内的物品，之前我们已在第 10 章中讨论过对它们进行分类。选择出最容易抛弃的分类，然后为这些物品建立一个“可抛弃”和“不可抛弃”的标准。该标准要突出细节，以便你能够很容易地进行参照。

针对可以扔掉的物品（“可抛弃”堆），我的标准如下：

____

____

____

针对不可以扔掉的物品（“不可抛弃”堆），我的标准如下：

____

____

____

按照标准采取行动

既然现在你已经明确了“可抛弃”和“不可抛弃”的标准，把它们写下来，按照对应的“堆”分别放置。确保手边有垃圾袋可以直接把“可抛弃”的东西装好丢弃。不同的堆之间保持距离，以便可以轻松地区别开。如果可以在每个堆上放置不同颜色的卡片会更为有效。

整理工作首先可以从最低等级层次的物品开始。快速浏览物品，确保内心对自己制定的规则非常熟悉。不要花费太多的时间做决定。花费的时间越长，下决心扔掉这个东西就越困难。这是因为你的眼睛看这件物品的时候，很可能会勾起你的回忆，它的情感意义和价值凸显出来。你会意识到我们是如何说服我们自己做或不做某件事情的。

如果物品被放置在了“或许”堆，那么就暂时放在那里，不要管它们。一旦你彻底地清理出这块区域，你再好好看看“不可抛弃”堆和“或许”堆，然后再次把这些物品分成三类：“可抛弃”堆、“不可抛弃”堆以及“或许”堆。那时候，就允许你稍微多花点时间考虑每个物品的价值所在，是否有保留的价值。这个精简的过程会从两个方面帮助你：首先，确认你真正需要的物品；其次，帮助你在做决定方面培养新的且更有效的技巧。

家人朋友必读

一以贯之地使用“可抛弃”“不可抛弃”以及“或许”的分类命名有助于三堆法的应用。快速做决定也是非常重要的，帮助他们建立明确的标准，并在分类和清理工作中提供支持，可以真正地帮助你身边的囤积者。向他们解释你在相同情况下会做出的决定——如果他们向你寻求帮助的话。决定是需要他们本人做出的，但是实际的帮助可以大有好处——比如你可以提供装垃圾的黑袋子或者帮他们腾出空间。你或许会发现你的帮助和支持是非常受欢迎的，尤其在你的家人或者朋友在返回整理“不可抛弃”以及“或许”的物品做第二次决定时，这时候的选择通常更为艰难。

小贴士

- 为“可抛弃”堆和“不可抛弃”堆的物品制定简单明了的标准。
- 在浏览囤积的物品时，动作要迅速。你翻看和检查花费的时间越多，你再次把这件物品收入囊中的可能性就越大，因为长时间的思索会让你对这些物品难以割舍。
- 作决定时要客观冷静，不要感情用事。
- 站在你家人或者朋友的立场上，考虑如果他们和你境况相同的话，他们会做出怎样的选择。
- 在每一个你选定的区域整理时，先将物品分为大类。
- 一旦一件物品已经被标注为“可抛弃”标签，就把它直接丢进手边的垃圾袋。避免再次检查而制造疑虑，这有可能会让你把它捡回来继续留着。

- 如果某件物品被放在“不可抛弃”堆中，就把它放在那里不要管它，晚些时候再做决定。
- 记得再次查看“不可抛弃”堆以及“或许”堆中的物品。

阻碍

“我无法制订出自己的标准。”

仔细观察其他人可能会使用的鉴别是否应该抛弃或保留物品的标准。想一想，如果你最亲密的朋友或者家人碰到相同的情况，并征求你的建议。你会对他们说什么？

“有些物品真的是很难处理。”

一些物品的确是太难处理，那就晾它们一段时间。不要花费时间和精力思考这些东西，那样只会加强你把它们保存下来的信念。当你更有经验并能获得一些协助的时候再来检查它们。

“我很难做决定。”

感觉自己不能做决定以及害怕自己会做出错误的决定，这都是正常的。如果在某个时间你觉得做决定是非常困难的事情，那可能是受了你的感受或者情绪的影响。问问自己，如果我把这个问题和决定抛给一个朋友，他会对我说什么？或者，如果一个朋友把同样的问题抛向我，我可能会对他/她说什么？

关键信息

- 你倾向于坚持建立在感受或情绪上的决定。
- 将囤积物分成“可抛弃”堆、“不可抛弃”堆以及“或许”

堆，可以有效地将空间内的物品处理掉。

- 晚些时候再来审视“不可抛弃”堆以及“或许”堆中的物品，进一步丢掉你囤积的杂物。
- 你的审查越简单越好。你审查物品的时间越长，你丢弃这件物品的可能性越小。
- 你练习的次数越多，这种方法对你来说就越顺手。
- 时刻记住你的愿景，那是你想要的你的房间以及你的生活未来的样子。

13 自说自话法

随着时间的推移，你或许尝试过处理你的囤积问题。当你面对你必须丢弃那些物品的现实时，你很有可能体验过消极的、悲伤的情绪。为了应对这些情绪，你可能曾经试图说服自己或者欺骗自己来保存某些物品。在这本书中，我们称此为“自说自话”。当你试图说服自己不去做某些需要做的事情时，你就会情不自禁地自说自话，这是一种降低你不适感程度的手段。然而，你可以以一种积极的方式来利用这种自说自话，帮助你解决囤积问题。

这种方法基于认知行为疗法。涉及观察你的思维，并且质疑你看待问题方式。你将学到一些处理信念的技巧，正如我们关于囤积之花的讨论（详见第 5—7 章）。认知行为疗法帮助我们理解思维对我们的感受（情感）以及我们如何处理问题（行为）的影响。例如，如果我们相信储藏囤积物会让我们感觉安全和稳定，一旦这种信念遭遇任何威胁——想象囤积物被剥夺——我们就会迅速产生负面情绪，并以特定的行为举止表现出来。因此我们会试图处理负面情绪或者做出一些行为来防止想象中的威胁。

为了进一步说明这一点，首先假设你拥有这样一个信念，那就是知识的学习非常重要，而且知识是通过保持不断的更新和阅读获得的。那么你会通过各种途径收集报纸、杂志以及书籍——得获取知识成为可能，因为你觉得你需要阅读所有这些资料。

那么再来回想囤积之花的练习，你可能知道你的信念、情感和行为三者是如何彼此联系、相互影响的。为了处理你的囤积问题，必须三者都考虑到。单纯的清理工作并不能解决导致你囤积问题的潜在机制。有些人会对此深有体会，外部机构（如环境卫生或者房屋管理局）将他们的房屋或环境都清理干净了，但他们感觉到很痛苦，并且注意到，过了一段时间他们的房间又被堆满了杂物。人们囤积物品一定有其内在的原因。你可以把它理解为一种应对机制。在“故事法”（第 9 章）中，你可能已经发现了你自身囤积的原因。

我们称为“自说自话”的认知行为技术包括挑战想法和信念。你可以将它用于说服自己清理囤积物品而非保留它们。这种自说自话的方法旨在帮助你建立一种更符合现实的看待问题的方式。自说自话的好处就在于这种方法还可以应用到你日常的其他情境中。

通过自说自话质疑自己

当你打算丢掉一件物品时，你或许会发现这样做很难。你会意识到你在自说自话，说服自己留着它的时候。觉察到这种自说自话很重要，因为将需要对你的自说自话进行干预和调整，以更好地处理你的杂物和囤积的问题。当你觉察到你正要开始说服自己你需要保留一样物品，利用这种觉察问自己一些问题：

- 我最近一次看到这件物品是什么时候？
- 假如我找不到这件物品，我会想到它吗？
- 我还会用到这件物品的可能性有多大？
- 我上次用到它是什么时候？我还记得使用过它吗？
- 如果没有这件物品，我们的生活会受到影响吗？

• 如果这件物品丢失或者被盗了，我还可以正常地工作生活吗？

当你在整理环境中的杂物时，下面是一些你可以用到的关键问题。当你问自己以下问题时，你会发现自己总是在不由自主地自说自话，让你确信你需要这件物品。比如：

问题：我最近一次看到这件物品是什么时候？

回答：很久以前。

问题：既然已经是很久以前的东西了，那我还真正需要它吗？

回答：我或许以后会用到它；我可是花钱买来的，如果扔掉就是一种浪费，我今后需要使用时还要再买。

问题：对我来说，现在最好的方法是什么？

回答：我要留着它。

这是你需要干预的地方，因为你意识到自己开始自说自话地想要保留这件物品了。

问题：我最近一次看到这件物品是什么时候？

回答：很久以前。

问题：既然已经是很久以前的东西了，那我还真正需要它吗？

回答：或许今后我还有可能会需要它，但是我已经很久没有看到它了；那就意味着我不太可能会用到它。

问题：我保留这件物品对我还有用吗？它能为我做什么？

回答：保留它只会让我多一件囤积物，对我的囤积问题丝毫没有帮助。

问题：如果我没有这件物品，我的生活会有什么变化吗？

回答：我一直拥有这件物品，它对我生活没有丝毫影响，也只不过徒增一件杂物而已。如果我没发现它，可能永远也不会记起它。

问题：如果未来有一天我需要它，我该怎么办？

回答：我可以向朋友借着用，哪怕做最坏的打算，我或许必须再买一次。鉴于我已经这么长时间没有用过它，那么在不久的将来我会用到它的可能性也特别渺茫。

自说自话是一种功能非常强大的工具，这个方法可以用来保持或者帮助克服他们自身存在的问题。以上的这个例子展示了在相同情况下不同形式的自说自话带来的差异。

问与答

每次在你处理囤积问题的时候，应用自说自话法来质疑自己，这一点很重要。把每个问题和答案写下来是一种很好的练习。这个方法的基本原理是帮助你从情感上与你正在处理的囤积物保持距离，让你能从不同的视角来考虑问题和形势。

挑选出一件物品然后问问自己：这件物品对我的意义是什么？

紧接着可以列举一些类似于上面讨论过的问题，同时也要富于创造性，开发一些属于你自己的问题。

如果你发现你自己身处困境，自己难以应付，那么就向朋友或者家人求助，让他们帮助你列出问题。当你向他们寻求帮助时，记住朋友和家人一直在那里守候着你，帮助着你，他们不会企图引起你的痛苦或者用奇怪的问题让你沮丧不安。

家人朋友必读

当你的朋友或者家人正在整理，而你正好和他们在一起时，当他们在犹豫该把一件物品放在“可抛弃”堆、“不可抛弃”堆还是“或许”堆，问问他们心里正在想什么。这时候他们很可能正在自说自话。幸运的是，他们可以及时发展出更具适应性的自说自话方式，但是现在，鼓励他们写下来这些问题，以此帮助他们远离正经历的扔掉物品的情感纠结。当他们遇到障碍（如当他们发展更有用的自说自话有困难时），你可以陪伴并提供帮助。你可以询问一些问题，如他们上次使用或者需要这件物品是什么时候，今后他们是否可能再用到这件物品，就像之前练习中那些问题一样。但是要时刻谨记，决定只能由他们自己做出。提供有意义的选择项有时会有帮助。我们每个人都有着不同的看待事物的方式而看不到其他可能，除非我们刻意这样去做，并与我们的情感保持距离。

小贴士

- 觉察何时在自说自话，它又是怎样让你的囤积问题一直持续的。
- 每当发现自己在自说自话，就把它们写下来。如果发现自己是在为保留这件物品找理由，一步步地质疑你自己。这是一种很好的练习，能帮助你提升自我质疑的技巧。

- 如果你遇到困难，请寻求朋友或家人的帮助，让他们来向你提问。
- 当你在整理杂物时，退后一步，与你的情绪保持距离。这可以帮助你以不同的角度来考虑贮存杂物的必要性。
- 当你意识到你正在为保留某件物品寻找理由时，请使用自说自话来质疑自己。
- 写下自说自话的问题和答案。
- 在实践层面开展清理工作的同时，探索问题背后的机制对于处理你的囤积问题会是非常有效的。

阻碍

“我不知道什么时候开始问自己问题。”

当你意识到你正在找理由留下一件杂物时，这就是最好的时机。写下你的理由，然后以循序渐进的方式质疑自己。

“我不知道问自己什么问题。”

问自己的问题无所谓正确或者错误，问就是了。回顾你的愿景和意图，并把它们作为指导。问问题的目的是考虑你囤积行为的意义和结果。想象一下，你正在帮助其他人，你正在问他们问题。写下问题是个不错的方法，这样有助于你更专注于你的问题。

“如果我还是想留着这件物品，我该怎么办?”

如果，在你采用了自说自话质疑自己之后，你还是想保留某件物品，那就先把它晾在一边，晚些时候再考虑。请求朋友或者家人来帮助提问或许对你是非常有益的，这样可以帮助你斩断与某件物品的情感纠结。

关键信息

- 自说自话法是可以帮助处理让你的囤积问题一直存在的潜在模式。
- 自说自话地质疑自己，可以找出与囤积问题相关的信念。
- 写下问题将帮助你发展属于你自己的技巧，抑制情感的纠结，挑战自己的思维方式和坚守自己秉持的信念。
- 重温自己的愿景以及 H.O.A.R.D. 法相关的你房间的照片，不断激励自己。

14

询问与信念

在上一个章节中我们讨论了积极地使用自说自话，应用在整理杂物时以“可抛弃”“不可抛弃”以及“或许”来分类。使用自说自话来对自己的信念进行工作是非常有益的。认知行为疗法认为，我们的信念来源于我们的体验。假设你曾经去过一家饭店，里面提供的食物价格贵而且品质一般。后来一个朋友再建议去那里吃饭，你心里马上就会想：“那家饭店提供的食物和服务不值那个价钱。”这是一个很好的例子，可以说明一个推论或者理解是如何在你信念的基础上建立起来的，就如同你关于这家饭店的信念是建立在你之前就餐的经历上。我们的感受和行为反应基于我们对所处情况的理解。

前文中，第5—7章“囤积之花I—III”以及第9章“故事法”，均可以帮助你理解信念、情感以及行为三者是如何相互作用的。“故事法”帮助你将过去的经历与你现在囤积问题联系起来，找到其中的因果关系。你或许已经发现，这章还解释了为什么囤积癖会继续发展的原因。这些知识是有用的，但是它们本身并没有带来变革的能力。我们可以一起回顾过去，看清特别的状况或者节点，无论当时给我们带来了是积极还是消极的影响。尽管我们没有能力回到过去改变已经发生的事实。但必须记得的是，那些我们曾经的经历和信念，影响着我们的现在。我们回顾过去，是为了帮助我们继续前进，观照当下。

这里我们来共同探索信念。信念是异常强大的，正是信念控制着你对待周遭环境和应对情况变化的方式。举例来说，你或许会有这样的信念："我的这些照片是我过去生活的反映和与逝去岁月的链接。"因此，照片对你来说就意义非凡了。万一你的照片遭受破坏或者损毁，你或许会感到悲伤，不停地责备自己为什么没能好好收纳它们。从这个例子中你能够看出，因为照片的丢失，你的情绪和行为可能会如何被影响。

因此，明确自己的信念是非常重要的，你的信念是维持你的囤积问题的一个重要因素。但是要记得，信念并不是不好的——它也能在好的方面发挥作用。你的信念对你的影响取决于你是刻板还是灵活地秉承它们。如果我们是刻板地秉承信念，就有可能会给我们带来负面的影响。而如果我们采用了相对灵活的方式来审视我们现在的情况，那么事情就变得相对容易处理和应付了。你在本书中学会的技巧就可以应用于你生活的其他领域。这就是我们说的认知行为疗法的本质——方法应该是相对灵活的，可以应用于解决其他许多难题。

充分理解你的信念

我们的信念一直充满活力。关键问题是要觉察你的信念开始发挥作用的时刻。有一个小技巧，就是要注意，当你开始体验到不愉快的情绪时，你关于当前情境的某些信念就开始起作用了，你对于所处情况的理解（基于你的信念）引起了你那样的感受。举例来说，你或许会持有这样的信念——你拥有的一切都是重要的，当你要处理一些物品时，你会感觉不舒服。这是因为你将你正在做的事情，理解为扔掉一些有价值且重要的东西。开始对这些不适的感觉有所觉察或许对你是非常有帮助的。从接受你自己感受的方式开始，问问自己下列一些对你有益的问题来帮助你确认自己的信念：

这种感觉对我来说意味着什么？

我有这种感觉的原因是什么？

此外，你可以尝试感受和理解你正体验到的感觉，作为确定信念的一种方式。然后问问自己，我身体的哪个部位正在体验着这种感觉？

将手放在你正体验着这种感觉的部位。

用心感受这种感觉。

有哪种颜色与此相关吗？

问问自己，你第一次体验到这种感觉是什么时候？

仔细描述关于这种体验的记忆。

问问自己，这种记忆对我意味着什么？

这份记忆到底想对我说什么？

列出你的信念和假设。在我们讨论过的囤积之花的模式中，如何确认那些信念是通过以下句式，例如"如果……那么……"（详见第6章）。"如果……那么……"句式非常有用，也很容易挑战。

我的信念是：

我____

____

____

如果____

____

____

那么____

____

____

现在，既然已经明确了自己的信念和假设，我们需要开始针对它们进行工作了。

对自己的信念进行工作的最基本的技巧就是质疑它。通过这种方式，我们可以看清自己是如何理解情境的，评估我们支持或者反对这个信念的证据。

通常情况下，我们会基于自己的感受来理解信息或情境。我们的情感可能会扭曲现实的情况。比如说，如果你很气愤，你会看到那些令你生气的东西，而不是去全盘理解所处的情境。

为了帮助你进一步理解这种对现实的扭曲，我们要仔细看看下面这些无益的思维模式。每个人都会有陷入这些无益的思维模式的可能——这很正常——但是认清它们的真面目会有助于你从不同角度看待事物。

非此即彼思维

非此即彼的思维方式包含以具体的方式看待事物。以这种方式思考就意味着没有中间状态。事物是非好即坏的。非此即彼思维方式呆板且僵硬的，会导致我们以相同方式看待所有事物。这种思维方式并没有给其他视角和思考留下任何余地。让我们看一个雨天的例子。我们可以说那天是湿漉漉的，糟糕的天气（非此即彼思维），或者我们也可以认为那天是湿漉漉的，气温比较温和，花园被浇过水，这个景象就并没有原来想象中的那么消极。

乱贴标签

以一种消极的方式把自己、他人或者周围环境标上标签。例如，我本身就是一无是处的废物，周围的都是坏人，这地方简直就是个破破烂烂的垃圾场。贴标签并没有益处，因为当我们给周围事物贴上标签时，我们倾向于以这个标签来看待它。例如，你或许已经觉得自己所处的环境无药可救、毫无希望了，并给它贴上这样的标签，你就不太可能去努力清理这个地方。

心理过滤

当你忽视周围的积极因素时，心理过滤的方法就起作用了。比如你非常努力地清理房间，但是你忽视了你的努力和成果，总是关注着那些还没清理到的区域。或者，你总是想着所有你白天计划扔掉而没有扔掉的东西。心理过滤法会影响你——它会让人失去动力，将所有好的方面屏蔽掉。

否定正面

否定正面意味着不认可事物善意的、积极的方面。举例来说，你已经清理了房间的一部分，但是当你被问及你的房间收拾得怎么样时，你会说："我还没做什么。"考虑到你并没有认识到你所做出的成就；你很容易心灰意冷，失去动力。

妄下结论

我们相信自己知道其他人是如何看待我们，又会怎样对我们。比如，你正在考虑告诉你最亲密的朋友或者家人你有囤积问题，你或许已经想到了，他们会以消极的方式来回应，因此你就不告诉他们了，也不会得到本可以得到的支持。现实中，其他人不一定会按照我们想象的方式作出回馈或者反应。

情绪推理

当我们将情绪和情感作为对现实的佐证时，我们就是在情绪推理。在准备整理自己空间时，你可能会说，“我可不觉得我能做成”，因此你连尝试都懒得尝试。无论你能还是不能清理干净你的空间，你都需要先迈出第一步去尝试。我们经常会情绪推理，难以发现事实的真相。

灾难性思维

当我们想象最坏的情况时，会把它当成一场灾难。比如当你允许你的朋友或者家人来帮助你时，你觉得他们会把一切搞得乱七八糟，并在你不知情的情况下扔掉你的物品。或者当你决定要扔掉一些旧报纸时，你担心或许未来还用得着它们。这样会导致你焦躁不安、过分担心。

不合理期待

你对自己和他人有着高要求、高期待。当这些期待过于刻板、无法满足时，它们就会影响你的情绪。举例来说，当整理你的空间时，如果你期望你将会清理一大批物品，但是却未能完成那个预期，就会导致你丧失积极性，产生消极情绪。记得让你的期待更具有适应性和灵活性，这样才能鼓励你继续向前。

以偏概全

武断地认为某件事情如果在你身上发生过一次，就会反复发生，这就是明显的以偏概全。如果你预约了一个朋友帮你清理物品，然而你却收到一条信息，说他有其他安排不能按时赴约，你会感觉失望沮丧。你或许有机会重新安排与朋友的会面，但是你却直接下结论说，他们会再次放你鸽子的，因为已经发生过一次。还有一个例子是，你清理干净了自己的空间，但是随着时间的推移，房间又慢慢被填满，你感觉受到了挫折，不高兴再做改变。这会导致你丧失积极性，直接放弃。

罪责归己

当你觉得某个负面事件是自己的错，你就是在罪责归己。比如你或许会觉得房间充满杂物完全是自己的罪责。罪责归己毫无帮助，它阻止你培养对你的问题的理解与接纳，而这些才真正对你有帮助。

预知未来

你或许会感觉，你知道事情会如何发展。假如你向一个朋友寻求帮助，请他帮助你整理杂物，你认为他们会扔掉所有物品，而你无力控制。结果就是你内心充斥着负面情绪，感觉自己无法应付，从而让你无法完成自己本打算完成的工作。预知未来是在毫无根据的情况下，预言未来会发生的事情。

低挫折耐受

当你忍耐挫折的容忍度比较低的时候，你会试图避免不适的感觉。举例来说，在清理杂物时你或许会体验到负面情绪，因此你需要通过忙于其他与囤积癖无关的活动，以避免这种负面情绪的泛滥。也或者你正试图扔掉你留存很久的物品，这个过程让你情绪低落，最终导致你继续保留这些囤积物来抚慰你低落的情绪。低挫折耐受导致你不再愿意进行处理囤积物的活动。

明确思维模式

在了解了以上数种无益的思维模式后，我们来看看这些思维模式是如何彼此交错的。第一步是明确自己的思维模式。让我们想象一下，假如你明确了自己的信念是“我是多么地不堪一击。”那么与这种想法有关的思维模式可以包括如下几种：

非此即彼思维
乱贴标签（已被贴上“不堪一击”的标签）
心理过滤
否定正面
灾难性思维
情绪推理
预知未来

你将会意识到，很多毫无益处的思维模式充斥在你的信念中。下一个步骤就是来质疑这些无益思维模式。正如我们在本章前面部分讨论过的一样，你需要把能够证明或者反驳你信念的事实全部写下来。

我的信念是：我是多么地不堪一击。

支持的事实	反驳的事实

把所有事实写完后，我们有必要来回顾一下。首先要检查支持该信念的事实是否是具体的、符合实际的，而且没有受你无益的思维模式的限制和影响。这些思维模式会激起我们的负面情绪以及毫无帮助的行为举止。回顾这些支持或者反对你信念的事实会有助于你以一个更为全面的视角来对待你的信念。无益的思维模式否认了积极的方面，支持了你的消极信念。但是回顾了这些事实之后，你会有一个平衡的、全面的结论，比如"我在某些方面还是很能干的，只是有些方面不堪一击。"这种观点就不那么严格苛刻了，允许你聚焦于某些你擅长且可以胜任的领域，想办法发展那些你不那么擅长，做得不怎么好的领域。

有时，你或许会发现很难质疑自己的信念。有时，我们发现帮助别人比改善自己的问题更加容易。当你遇到困难时，参考下面的建议：

当你的朋友觉得自己不堪一击时，你会对他/她说什么？

如果你打算对朋友说，你相信你是非常不堪一击、非常脆弱的，你觉得朋友会对你说什么？

尽可能通过记录下来的信息来巩固你崭新的、更为平衡的信念。记得每天结束的时候回顾一天的成就，并作书面记录。

讨论你的信念

既然已经讨论过对你的信念进行工作，现在我们可以开始实际地试一试。我们可以从觉察哪些情绪让你感觉不适开始。之前我们也讨论过，这些不适的感觉就预示着你的信念已经被激活，因此识别这些信念就是一个良好开端。以循序渐进的方式开始工作（上面我们也有讨论过），逐步识别自己的信念，并把它们以书面形式记录下来。

我的信念如下：

___

___

___

接下来，识别那些无益的思维模式：

信　　念	无益的思维模式

支持或者反驳我信念的事实分别是：

支持的事实	反驳的事实

既然已经整理过支持和反驳我的信念的事实，我最终平衡的观点和信念是：

____

____

____

将每天经历的支持你平衡的信念的积极事件记录下来，每天晚上重温一下它们。

家人朋友必读

识别并挑战自己的信念并不容易。如果他们接受你的帮助，你可以问问题来帮他们识别自己的信念，也可以为他们提供其他的一些视角。当为自己的信念寻找支持或者反驳的证据时，我们都很容易会有所遗漏，因此帮助他们以不同的角度来看待他们的信念是非常宝贵的。给你支持的人带个头，做个榜样。当他们已经发展了更多的有益的替代性信念时，鼓励他们保持记录积极事件，这将有助于巩固这些新信念。这是一项艰难的工作，专注于他们最初的愿景可以不断地提醒他们为什么自己要与囤积癖抗争。或许事后的奖励活动可以帮助他们认识到自己正在取得的进步。

小贴士

- 和自己的感觉保持一致，这样会有助于你确认自己的信念。
- 应用前面讨论过的技巧来帮助你发展构建新信念的方法。
- 保持一致——不要试图走捷径，因为在你的信念上花费时间是非常值得的。正是你的消极信念和假设让你的问题一直延续。

- 如果你陷入困境，让朋友或者家人帮助你识别并质疑你的信念。
- 每天坚持练习识别出那些无益的思维模式——可以自己练习，也可以与他人一起互动。
- 坚持去确认自己的感觉。这将有助于你提高对不适感的容忍度。
- 不要惧怕质疑你的感觉。这样将会帮助你理解为什么你会有如此的感受。
- 提高你对于不适感的忍耐限度。它将帮助你提高你的忍耐水平，并在更长的时间里更好地应对不适的感觉。
- 你练习得越多，它就会变得越容易。

阻碍

“我觉得确认信念这件事儿对我来说太难了。”

不要过分担心是否做对了。重要的是实践这些技巧，同时，如果可能的话，向家人或者朋友寻求帮助。最重要的事情是与不适感建立联系，看它对你来说到底意味着什么。

“我找不出支持或者反对我信念的事实。”

有时候确认事实的确是件很难的事情。试着退一步，想象你正在帮助一个朋友。通常情况下，因为有情感上的距离，你会觉得帮助其他人反倒更容易。

“真是费时间。”

的确是，这件事费神费时，但是也会让你长期受益。你在这件事情上越努力，你会变得越发有经验，从长久看来它也就更简单。

关键信息

- 每个人都是既有积极信念，也有消极信念。但是当这些信念顽固僵化时，他们就变成了弃之可惜的鸡肋。
- 一些毫无帮助的信念会让你的困难延续下去。
- 努力挖掘并处理自己的信念是非常重要的事情，因为这些信念会影响你对周围环境的感觉以及（行为上）反应的方式。
- 我们不能改变过去；但是，我们可以重温过去，并以不同的方式来理解一下。
- 利用你的愿景来帮助你，集中精力处理你的囤积问题。

15 顺其自然——跟着感觉走

只是单纯地埋头清理并不能解决你的囤积问题。而讨论与囤积癖相关的信念却是非常有用的。在第5—7章囤积之花I、II、III以及上一章中，你渐渐学会确认自己的信念。现在的任务和目的就是要研究维持你囤积行为的信念。

我们每个人都会经历情感或感受的波折，我们也都有自己的方法来处理这些问题。体验积极的和负面的情绪是正常的，发现对于不舒服的情绪很难处理也是正常的。我们通常会让自己忙于各种行为活动，以缓解这些不适的感觉。但是一些行为确实有帮助，而还有一些则毫无用处。举例来说，如果你害怕狗，当你看见狗的时候非常紧张，你或许会避免去那些有可能会有狗出没的地方，比如公园。这种行为方式在短期内或许是奏效的，但是长期来看，这种方法毫无意义，且非常有局限性，因为这意味着你不能享受公园内的闲暇时光。

考虑如何觉察到自己不适的感觉也是非常重要的，这样才可以帮助你更加有效地处理自身存在的问题。在本书的第一部分中，我们讨论过认知行为疗法模式，以及我们的思想如何影响我们的感受。我们所体验到的情感本质上是一种结果，一种我们自己对情境的理解的结果。在上面我们讨论的例子中，当你看到一条狗时，你对当前情境的直接想法可能是，“那条狗要走过来了……它快要扑向我了……它会咬我的。”这种想法会导致你情绪紧张，可能会让你想马上选择逃避。

同样，当你看到房间里堆满杂物，感觉被这种情境压倒，有种无法呼吸的窒息感。你可能会得出这样的结论——你无法应对，并避免去思考和去处理你需要处理的事情，最终导致你的空间越堆越满。

在讨论囤积之花的那几个章节之中，你已经明确了一些你经历过的不适的情绪和情感。现在开始理解这些与情感相关的微妙行为对你是有帮助的。这些微妙的行为会维持并延续这些情绪和情感。

明确不适感

明确那些令自己感觉不舒服的情绪有很多方法。第一步就是认识他们，并充分承认你正经历的这些感觉。至于你是否给这些感觉命名并不重要——重要的是这些感觉对你有怎样的影响。与情感相关的一种常见行为就是忽略这种情感——如果我不考虑这些，我就会一直没事儿。

首先，要通过接受的方式承认这些情感的存在。比如说，我现在正觉得胃很不舒服；我此刻就会非常紧张。有这种感觉是没问题的。接受自己的情绪会使得你更容易面对它们，也会帮助你更好地处理它们。这些情绪让人如此不舒服的部分原因在于我们看待它们的方式，这与我们那些毫无帮助的思维方式有关。例如，“我无法处理这种感受”的想法意味着非此即彼（你要么可以处理，要么不能处理）、心理过滤（忽视了你曾经成功地处理过这种感受的事实）、不合理期待（感觉你“应该”能够对付），以及低挫折耐受（通过一些无益的行为来逃避面对这种感受）。正如第13章讨论过的，这些思维模式也会通过“自说自话”的形式，让我们逐渐陷入更痛苦的困境。

通常情况下，当我们经历不舒服的情感时，我们会觉得这种情感对我们来说是坏事。比如说，一些经历过高度焦虑的人会相信这种焦虑就要把他们杀死了。我们经历的那些让人不适的感觉通常会让我们采取一些行动来逃避自己的感受。当感觉到不舒服时，我们最直接的反应是找到一种方法来结束我们正在经历的不适。我们越是试图逃避这些情绪，我们承受这些情绪的能力就越低。举例来说，想象一下，在一个非常炎热的日子，而你又恰巧在户外。对于避免感受高温这件事你毫无办法，但是你会意识到，你在炎热的环境中停留的时间越长，你就会越感觉不那么热了。这是因为你已经接受了外面非常炎热，而你不能做任何事情来改变它这个现实。你慢慢会从外面是多么炎热的想法中解脱，一直待在这个炎热的环境中，直到自己适应。

当我们处理不适的感觉时，我们可以应用上面讨论的所有技术。在阅读本书取得进步的同时，你也会发现我们的想法、情感和行为方式是如何彼此相互影响、相互关联的。处理和应对你的不适感会帮助你培养你处理自己信念、情感以及那些毫无帮助的行为方式的技巧。

情绪的身体反应

下一步要认识到你确实正在经历一种不适的感觉。与其他练习一样，可以从选择你要分类或者丢弃的物品开始。对于你感受或身体感觉的任何变化都要留心，比如以下这些身体感觉：

- 心跳加快。
- 眩晕、潮热、出汗。
- 忐忑不安。

现在对你说出这些感觉来或许对你会有帮助，因为未来一旦出现这些状况你会更加容易识别它们。

我此时此刻的感觉是怎么样的?

____

____

____

这种感觉对我意味着什么?

____

____

____

当我有这种感觉时，我在对自己说（自说自话）什么?

____

____

____

我自己如何看待这种情况? 我的毫无帮助的思维方式都有哪些?

____

____

____

我对这些感觉给予了多少关注?

____

____

____

我在做些什么让这些感觉持续更长的时间？这其中包含了哪些行为（比如说专注于身体的症状或者试图摆脱这种感觉）？

____

____

____

为了应对这些感觉，我都做了些什么？为了应对这些感觉，我所采取的行为（比如逃避或者谈论这些感觉等）是什么？

____

____

____

下一步，尝试理解自己的自说自话以及行为如何让这些感觉持续存在。当我感觉到：

____

____

____

我的想法是：__________________________________

____

____

当考虑我的这些想法时，对我毫无帮助的思维方式包括：

____

____

____

以这种方式看待这种情况对我来说有什么帮助？它对我的不适感会产生什么样的影响？

____

____

既然你已经承认并且意识到这些让你不舒服的感受、你的思维方式以及你的行为，那么你就可以调整自己的情感。认识到体验不舒服的感觉是一件很正常的事情。你需要处理的是你生活中要遇到的困难，比如分类或者抛弃那些有意义的物品。引起你的不适感那是完全正常的事情。学会善待自己。以宽容的视角接纳自己的感觉。比如说，你可以这样说，“因为我不得不对一些我珍视和珍惜的东西进行分类和丢弃，所以我正在经历那些不适的感觉，悲伤和沮丧。这种感觉是很正常的。任何需要处理类似情况的人都会和我一样，经历类似的情绪和感觉。感觉是正常的，经历我的这种感受也是没问题的。”

对于这种不舒服的感觉要给予富有同情心的理解，这种理解方式会帮助你接受你此时此刻的感觉。我们往往对我们感觉也给予很高的标准和要求。例如，“千万不要流露出我的感情”。通过友善和仁慈，我们接受了我们正在经历情感波折这个事实——经历这种感觉是没有问题，是正常的——我们会更有可能容忍这些情绪。

我对于自己不舒服的情绪所给予的同情心的理解是：

下一步，与这些不舒服的感觉保持距离，但这并不是说要避免这些感觉。因为一旦你试图避免它们，你就可能会采取毫无意义的行为。在这里，保持距离意味着通过减少你给予它们的注意资源来使你不那么关注它们。选择性注意的例子之一就是不断监控自己的感觉。

让我们来做一个简单的实验。首先，尝试体验一些负面情绪——考虑丢弃你囤积的物品。将这些感觉按强烈程度分为 1 到 10，共 10 个等级，1 级为最轻（舒适），10 级为最强烈（最令人不适）。

我现在正感觉到的情绪是:________________________________

这种感觉的强烈程度为 10 级中的第____级。

好了，现在再次将注意力集中在这种情绪中，看看你注意到了什么?

此时此刻，这种感觉的等级为 10 级中的第____级。

你注意到了什么？你是否发现情绪的强度变得更高了？如果的确如此，这是因为你通过专注于在自己的感受上，而使消极情绪变得更为突出。此外，你还很可能沉浸于对这种感受的自说自话中，这会使得你的感受一直持续。

处理负面情绪的最好方法之一，就是学会通过承认自己的感受来保持这种感觉，不要沉浸在这种情绪中不能自拔。我们也意识到这是件很困难的事情，但是多多练习会让它变得更容易。有些人通过保持忙碌来应对这种情绪的变化，因为这样会分散你的注意力，但在现实中，这样的逃避只会让情绪继续暗流涌动。分散注意是逃避的一种形式，这对你没有任何好处。我们的目的是发展一种更具适应性和更有帮助的应对机制。

处理这些负面情绪的一种方法就是，一开始试着在一小段时间内不要沉浸在里面，然后逐渐延长这段时间。最初要从一个你觉得可以应付的水平开始，比如哪怕从两分钟开始，然后慢慢延长到十分钟乃至更长的时间。常见的误解是你会觉得自己无法处理这些情绪。通过渐渐延长你容忍的时间，你就能够挑战你无法处理不适感这个信念。

另外一种干预方式就是正念（mindfulness）。正念是一种古老的冥想形式，源于佛教禅修传统。正念不是一种宗教修炼——正念冥想是基于不参与和接受的原则。请记住，正念并不是单纯的放松。正念，从本质上讲，就意味着观照当下，不去判断或比较。我们通常会不时地比较我们的感受。当我们有正念时，我们会意识到这些让人不舒服的感觉存在，而不会去与过去相比较或判断，也不会考虑未来会变成什么样子。每个人每天都在进行正念练习，只是我们还没意识到罢了。让我们返回来再讨论那个例子，你正经历炎热的一天，对于眼前的情况你无可奈何。如果你能够接受天气很炎热的事实（观照当下），顺其自然，你会发现你能够应付和处理得更好。另一方面，如果你不停纠缠于天气非常炎热这个实际情况——"我受不了了，昨天可没有今天这么热"——你就会发现你感受到的热量更强烈，因为你情绪影响了你对情境的反应。

列出一个清单来帮助你认识到其他一些你没有自说自话或者选择性注意，符合正念原则（观照当下，不妄做判断）的活动。这样的例子甚至可能包括吃饭、刷牙或者烹饪：

____

____

____

这里有一个简单易行的正念练习，你可以每天练习。这个练习每次只花十分钟，但是渐渐地你可能会希望延长练习的时间。请先阅读练习说明，对步骤和过程烂熟于心。你可以记录这些说明方法或者向朋友或家人寻求帮助，让他们为你大声地读出来。

选择某个没有太多打扰或者噪音影响的时间。出于尊重自己，为自己腾出一些时间，做些对提升生活品质有帮助的活动。让这段时间纯粹地成为你自己的时间。如果你愿意，坐在舒适的椅子上，闭上眼睛。

通过注意呼吸来开始你的正念练习。

无需深呼吸，正常地吸气呼气即可。

让每一次呼气吸气变得很自然，不加评判的觉察。

留心你所在的地方。如果你正坐着，那么请注意你所坐的位置，你的身体与椅子或地板有身体接触。同样，以一种不加评判的觉察。

留心倾听你周围的声音。但是没必要给这些声音加上标签，或者去想它们是什么。

如果你注意到你沉溺在自己的思绪中，让你的注意力转回到你的呼吸上。再次关注呼气与吸气的气息。

如果你的思想开始游荡，温柔地提醒自己。接受它，并把你的注意力带回到你的呼吸上，直到你完成这个练习。

同样的原则也适用于处理你那些不适的感觉。一旦你意识到它们的存在，就让它们留在那里，也没有必要和它们打交道。不要去想现在是什么感觉，也不要回想之前的感觉或者之后它会变成什么。就和这种感觉待在一起，让它在那里。

进行这些简单的练习，你会发现，随着时间的流逝，你会对不适的感觉有更高的容忍度。你可以将这些方法应用到你生活的其他领域，特别是当你发现你在反复惦记那些被丢弃的物品时。

记住，这些不适的感觉对你来说并不陌生，因为你经常经历。当这些感觉让人感到不舒服时，人们经常会觉得这是他们第一次经历这些感觉。但是你可以像对待老朋友一样对待它们，接受并使这些情绪正常化。通过这样，你可以改变你对不适感的信念和态度，让它们变得不那么具有威胁性，更容易接受。

当你体验到这些不舒服的感觉时，应该这样回应：

“这些都是相熟的老朋友了，我很了解它们。”

“嗨，老朋友们，欢迎啊——我可不会傻乎乎地和你们抗争了。”

你慢慢会发现，你处理这些感觉的机会越多，就更容易管理这些感觉，它们消失的速度也就越快。练习体验这些感受并欢迎它们——留心你的感受和处理方式的不同。

家人朋友必读

我们都经历过让人不舒服的情绪，对我们来说，承认和容忍这些情绪，而不选择逃避是很有帮助的。用适当的方式谈论我们自己的情绪有助于使其正常化。你可以现身说法，向他们展示更具适应性的处理情绪的方式。观照当下，并且充分理解本章节解释的概念，对你支持的人来说可能是无价的。我们中的很多人都忙于逃避和分散注意来应对我们困扰的情绪。命名这种逃避是解决问题的一个步骤。让你的朋友或者家人明白你就在身边，随时等候召唤，当他们遇到困难时，你可以给他们安全感，帮助他们改变。如果你愿意，记得进行正念练习。分享并讨论你的经历可能会让你们都受益匪浅。

小贴士

- 明确你用来应对不适感的机制，因为其中一些应对方式不但对你毫无益处，而且会保持并延续你的不适感。
- 逐渐放弃你的应对机制，并采用更具适应性的机制来替代它们，比如不回避感情，也无需分散注意力。
- 学会容忍这些不舒服的感觉。
- 如果你已经深陷其中，让家人或朋友来帮助支持你忍受这些感觉。

- 当你学会承认并接受你的不适感时，你就会开始挑战你的信念，从而改变你的应对机制。
- 用有规律地正念练习来帮助你学会观照当下，以不同的姿态面对你的那些不适感。
- 永远要承认你的感觉。这将帮助你提升对不适感的容忍。
- 不要害怕去质疑你的感受——它能帮助你了解你有这些感受的原因。
- 接受并欢迎这些让你不适的感觉。不要逃避你的感觉。
- 对这种不适的感觉你越能接受并与它们待在一起，它们带给你的痛苦就会越少。

阻碍

“我觉得很难界定我那些不适的感觉。”

不要太在意为你体验到的感觉命名这件事情。关键在于承认这些感觉的存在，并学会接受这些正是你此刻的真正感觉。

“我觉得很难忍受这些不适的感觉。”

接受这些让你不舒服的感觉，确定并找出导致这些感觉持续存在的你的行为。这种行为或许暂时对你有益，但是从长远看来，它会让你的不适感一直存在。学会欢迎并忍受这些不适感，那么你也会感觉轻松些。记得应用之前讨论过的技巧，来帮助你忍受它们。

“我需要集中力量清理我的空间。”

整理你的情感也是清理空间一个不可或缺的组成部分。只是一味清理并不能有助于你的囤积问题，因为你需要知道驱动囤积问题的深层次的、内在的因素。而不适感正是诸多驱动因素之一。你在处理这些情感的时候，也在与其他延续因素，比如你的信念和行为方式交锋。

关键信息

- 情感是正常的人类体验。人们厌恶不舒适的感觉的同时，也会想尽办法缓解或处理它们。
- 某些应对机制其实并没有太大益处，因为这些机制会使得这些不适感持续存在。
- 回避不适感是消极的处理方式。接纳反而会帮助你提升对它们的容忍度。
- 时刻记住：短期不适必有长期收益。
- 利用第 2 章中你的愿景和图像来帮助你持续专注在处理囤积问题上。
- 看看到目前为止你已经收复的空间，学会肯定自己。

16

绕来绕去——思维反刍

思维反刍，这个词对于不同的人意义会有所不同。在囤积的问题上，思维反刍意味着你在清理杂物时的担忧、思考、回忆以及在你脑中不断重放的，与你要丢弃物品有关的事件或情境。重要的是要记住，思维反刍是一种正常的、自然的现象。我们每个人都会有不同程度的思维反刍。然而，沉浸在思维反刍中的后果通常是负面的，导致我们陷入巨大的苦恼中；它会耗费大量的时间，让人陷入麻木。而与囤积行为相关的是，思维反刍通常会导致你囤积更多的杂物。你或许在克服囤积问题的路上已经经历过思维反刍了。

我们假设思维反刍可以帮助我们感觉更舒服些，但是事实上它却有相反的效果。你会注意到思维反刍既有认知的（基于思想）、又有行为的元素。我们选择思维反刍作为一种应对不适感觉的方式。我们尝试努力减少我们所感受到的痛苦和我们想要的感觉之间的差距。我们越是思维反刍，就越多地发现它永无止境。它是负面的、无益的，维持着对我们毫无帮助的信念、情感，延续和加剧我们的囤积问题。

回顾第 5—7 章讨论过的囤积之花概念化，对我们是非常有帮助的，因为囤积之花把思想、情感以及行为方式三者有效地联系在一起。你会观察到这三者是如何相互影响、相互作用，共同维持着你的囤积问题。请看下面例子：

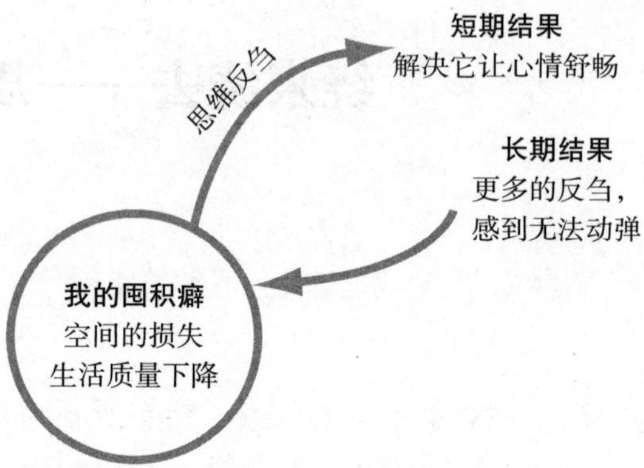

在处理囤积物的过程中，花费在思维反刍上的心理能量远比你想象的多得多。思维反刍在你为杂物分类和整理做决定时，点燃了你的疑惑、侵蚀了你的自信。当你有这样的怀疑时，你会寻求更多的保障和安慰，这就意味着会产生更多的怀疑，也会进行更多的思维反刍以希望获得确定性。请记住，对于我们所做的任何事情，我们永远无法获得百分之百的确定性。百分之百的确定性是刻板的——非黑即白的思维方式——真正的思考应该是灵活的，学会接受现状。

保持灵活度是处理你的囤积问题的关键之一。处事灵活可以让你更轻松地放手——它会帮助你接受某些必须要抛弃的东西，以及某个必须改变的行为，为的是让你能够回收你的生活空间，恢复你原本的生活。要把第 2 章的愿景记在脑海里，提醒自己在你的囤积问题上你想做什么。在这个部分的之前几章，你都会找到帮助你在处理你的囤积问题的方法上保持灵活性的建议。

认识思维反刍

思维反刍具有侵扰性，带来很大的情绪上的负担。通常情况下，当你面对那些让你不舒服的情感时，你选择了思维反刍作为应对的方式。思维反刍仅仅提供了暂时的安慰，这并不会长久。在上一章中，我们讨论过应对这些不适感的其他方法。你可能已经注意到，同样的感觉会回来。这是因为思维反刍并不是处理不适感的有效方法。

用“囤积之花”来发展对你自己的思维反刍的概念化：

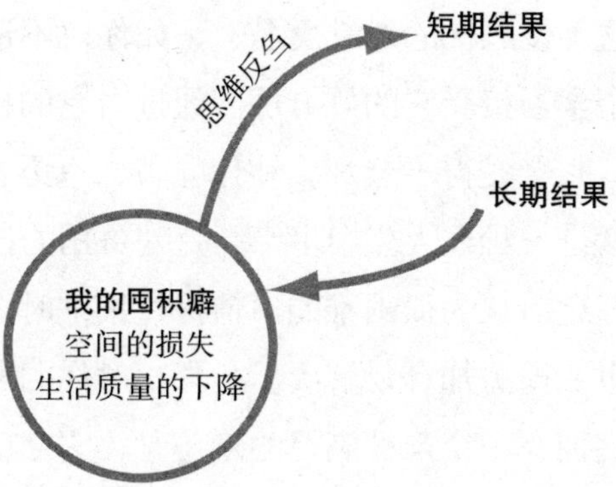

一旦你意识到你正在思维反刍，并充分了解了它是如何助长了囤积问题的，下一步就是承认你正在进行的思维反刍。人们很少愿意承认他们在做什么或者什么事情降临到他们身上。一旦你承认你正在思维反刍，你就可以开始对它进行工作。我们在前一章中讨论过的技巧之一就是和你的感觉待在一起。相同的方法也适用于思维反刍。与你的思维反刍待在一起意味着不参与其中。不参与其中就是要对思维反刍有所觉察，且不与其进行对话。对话是一种参与的过程，你努力要处理或者解决你可能拥有的疑问，但事实上，这可能会带来更多的疑问。

在开始的时候，练习与思维反刍待在一起是很困难的，这可以理解。首先，开始的时候要保持两分钟不参与其中，然后渐渐地增加时间长度。就像这本书里的所有练习一样，这是一个你需要反复练习的活动。在你的练习中用同样的方法循序渐进非常重要。

我们在前一章中讨论过正念。正念意味着不带评判地观照当下。评判意味着你在参与和评估周围的状况。正念不应该被干扰，不应该分散注意力。分散注意力是一种故意逃避某种思想、感觉或举止的行为。然而，在正念练习中你的确意识到了思想、感觉以及行为，但是你却没有对它们做出任何反应。

学会接纳这种侵入性的思维反刍，正如你对不适的感觉所做的那样，这是一个学习接受它的好方法。通过对它的接纳，你就消除了对它的关注。它会变得不会那么让你痛苦，也更容易忍受。培养一个接纳的态度是一种在人生中事事、处处可用的技巧——你会发现当你对某些你之前认为很困难的事情保持接纳时，你会经历更少的阻力，事情也变得更加容易解决。此外，对你的期望也要持接纳的态度。当我们拥有一个未被满足的期望时，它会引发搜索和质疑的恶性循环，这也是思维反刍过程的一部分，尝试去理解并让自己感觉更好。

练习，每天坚持练习去接纳一项对你来说困难的东西，如一种不适的感觉或者难度较大的任务。体会一下，保持接纳的态度的什么感觉，你又是怎么做到保持接纳的。这将是一次探索之旅，因为在这个过程中，你会学到新的东西。

认识侵入式思维

下一步是要意识到这样一种想法的突然出现：它让你感觉不舒服，导致了你的思维反刍，你绕来绕去试图找到一种解释并让你自己感觉舒服些。当你认识到这已经发生时，对自己说：

我的头脑中已经有了侵入式的思想或者怀疑。我现在的反应是：

____

____

____

这个想法突然出现在我的脑海中，我的感觉是什么？

____

____

____

我是如何处理这种感觉的？我的脑子里在想些什么来应对这种感觉？

____

____

____

现在将这个想法正常化，以帮助你理解有这样的感觉是正常的。大多数经历过侵入式思考的人都会有这样的感觉。

我有____

____

____

的想法是正常的，它们引导我参与其中，让这些想法更强烈。将这些想法的正常化有助于你接受那些助长了你不适的感觉的疑虑。对你的各种想法保持接纳，因为它们可是你头脑中的常客。你非常了解和熟悉它们。

接下来，学会与这些想法和感觉待在一起。当你不参与其中，你就会做到这一点。尽量不要去掌控你的感觉。尽量不要对自己的感受发表评论或者自说自话。先尝试与你的想法和感觉待在一起两分钟，然后慢慢增加时长，循序渐进。当你与自己的想法和感觉待在一起时，你会发现什么？

当我与我的想法待在一起时，我发现：

当我增加不参与自己的感受与想法的时长时，我发现：

通过不参与我的想法，我意识到：

不参与侵入性思维对我是非常有益的，因为我：

哪些因素对我来说是没有益处，会导致我更多地陷入侵入式思维中？

要接纳你的侵入性的思想和疑虑。要使接纳侵入性思想成为一种日常习惯，就让它们在那里——你好呀，老朋友，欢迎你来看我。你是我熟知的老朋友，在我这里你总是受欢迎的。

通过接纳导致你思维反刍的行为的侵入性思想，你降低了它们存在的意义，它们将会渐渐地成为微不足道的东西。

你还可以应用我们在上一章讨论的正念技巧，通过这种观照当下的方式来处理思维反刍产生的问题。一旦这样做了，你就不会再比较事物或者评判它们现在怎么样，未来又会怎么样。观照当下会帮助你接纳这些思想，也就意味着没有必要和它们打交道。

把侵入性思想放入脑海中，就让它们待在那里；没有必要对他们进行评判或评论。要你周围的一切保持觉察。意识到它的存在，而不去评判或参与其中。

另一种简单易学易用的正念技术就是声音的正念。这种听力练习强调的是倾听，而不是简单的聆听，这两种听的意思是完全不同的。当我们说到聆听，我们是把注意力转到特定的声音，比如某人的说话声；而当我们倾听时，我们接收我们周围的一切声音，而不是某一个特定的声音。

这里有一个简单的练习，涉及声音的正念。这个练习很短，很容易理解和学习。多读几遍，直到烂熟于心，你就可以脱离书本，轻松地练习这种方法。在练习的开始，首先进行短时间的训练。你可能想从五分钟开始，然后逐渐增加长度。

以专注于你的呼吸来开始你的正念练习。

无需用力深呼吸，只是正常地吸入、呼出即可。

不要下意识地控制呼吸，要让呼吸顺其自然。

留心观察周围的环境，如果处于放松的坐姿，尝试让你的身体感受与椅子或地板的接触。要时刻记住，不要控制呼吸，顺其自然。

留心观察你周围环境的同时，倾听周围的声音——没有必要对这些声音贴标签或者进行描述。

如果你意识到你的头脑中充斥着你自己的思想，那么就让你的注意力转回到你的呼吸上，专注吸入和呼出的时刻。对自己不必太过严苛，接受你的刚才的走神，这不要紧。

让你的注意力再次回归到周围的环境中，仔细倾听周围环境中呈现的各种声音。

培养属于你自己的正念技巧——无论哪种方法，只要对你有用就好。正念练习可以随时随地进行，并没有局限。关键的原则是观照当下，不加评判，与你的想法和感受待在一起——就让它们在那里——不要去判断这些感觉过去、现在乃至将来对你有何意义。你过去的生活方式、你现在的生活方式以及你将来会怎么样活着都毫无可比性。不要忘记，你拥有各种资源，能够处理你的侵入性思维、各种疑虑、困难以及挑战。

纵观全书，你会注意到每章提供的练习是如何被用来应对其他问题的。我们讨论过的所有应对技巧都可以用来处理你面临的挑战。遵从这些练习方法会有助于你更加熟悉这些练习并帮助你日后发展自己的应对技巧。

家人朋友必读

为了能够给我们的朋友或者家人最好的支持，我们需要照顾好自己。或许让我们和一些杂乱的囤积物生活在一起并忍受别人的囤积行为并不容易，在某些情况下，好像这样的事情又难以启齿。

我们都是把想法闷在肚子里，不断反刍，但不知道如何提起。解决这个问题比较简单的办法之一就是要为自己的幸福努力，应用本书之前介绍的一些方法，来帮助解决我们自己的焦虑、恐惧和消极的想法。你可能想要承认并与你的反刍性思维待在一起而不参与其中。留心你身上发生的变化。声音的正念训练对所有人都有效，试一下，多花些时间停留在此时此地。有时候，分享你挫折的经历或许会有助于支持你的朋友或家人，让你们的关系更为亲密和团结。他人可能会觉得这种行为很私密，如果这样的话，请尊重隐私的界限。你或许还需要花点时间去思考照顾自己的需求和幸福的其他办法。

小贴士

- 需要留心察觉你是否正在经历侵入性的思维及疑虑。它们自动地出现，并且会让人产生不适的感觉。
- 小心地将侵入性思维带入你的意识中。请不要刻意回避，因为回避反而它更强烈。
- 认清自己的思维反刍以及反复在做的举动。
- 识别自己的思维反刍模式，认清是什么将我们引入到思维反刍中去的。
- 用接纳的态度去对待这些想法以及相关感受。
- 经常进行正念练习，这样有助于你观照当下，与你的侵入性的思维和疑虑建立一种全新的关系。
- 有自己的想法和感觉是很正常的事情。
- 侵入性思维是很正常的，尽量不要回避他们。

- 培养自己接纳的态度。接纳你此刻的感觉。没有必要和过去相比，亦不需要担心未来。
- 让正念成为你生活的一部分，并将其运用在你所有的活动中去。
- 培养灵活的态度，并把它带到你做的每件事情上。

阻碍

“我的侵入性思维或者疑虑太强烈了！”

是的，这些想法或许会非常强烈，随之而来的感觉也会很不舒服。它们之所以强烈的一个原因是你给它们赋予了意义。尝试着在短时间内和它们相处，而不参与其中，渐渐地延长这样做的时间。不时地提醒自己，它们只不过是个想法而已。

“我发现忍受这些想法带给我的感觉太难熬了！”

是的，通常我们的想法会带来一些不适的感觉。首先要学会接受这些不适的感觉；学着，在不与之接触的情况下与这些感觉和平相处；学着用正念的技巧来温和地对待你的想法和感觉。它们会慢慢淡出你的视野。

“正念练习好难啊！”

在你学习和掌握一门你不熟悉的技能时，一开始总是看似困难，正念练习也是如此。正念练习能够有助于改变你看待你的想法和感受的方式，并会渐渐渗透到你生活的其他领域。你可以在你生活工作的所有活动中尝试运用这种技巧。你会发现，这个方法变得越来越简单，并逐渐成为你的一种生活方式。

关键信息

- 思维反刍与你的想法和行为都有着密切的联系。
- 认清那些与你的侵入性的思维、疑虑以及不舒服的感受相联系的你的应对模式。
- 记住，对侵入性思维或疑虑的质疑或讨论，都是对它们不同形式的关注。
- 关注侵入性思维将只会它们更强烈，引起情感上更痛苦的折磨。
- 正念有助于培养观照当下、不评判的接纳的态度。
- 记下对你有益的和无益的行为，这将会在你应对思维反刍时有所帮助。
- 以上这些技巧均可用于应对你的思想、情绪以及行为。
- 专注于你的愿景，并记得偶尔回顾下你已经走了多远。

17

做还是不做——拖延

在前面一章中，我们讨论了思维反刍，以及如何应对它。另外一个重要的、需要我们关注的领域就是拖延。拖延是一种常见的、毫无益处的行为，这一行为在有囤积和其他一些心理问题的人身上很常见。拖延会令人虚弱无力；当人们陷入拖延，他们就不会去做他们本打算要做的事情。

当人们陷入拖延，通常会体验到不适的感觉。有这种不适感的原因之一就是对他们而言，做事必须遵循一定的方法套路。当他们无法按照原定计划完成指定任务时，他们就会纠结于阻止他们完成任务的不适感。通常，人们会抱怨他们终日未能完成任何富有成效的事情，因为他们试图在开始处理他们自身的囤积问题之前确保一切妥当完备。

拖延与思维反刍没什么不同，我们拖延是因为我们想要“把事情做好”或者起码让自己感觉到“把事情做好了”。与思维反刍一样，拖延也是一个陷阱，人们很容易陷进去，导致与自己目标相背的结果。拖延这种行为不仅无助于我们的目标的完成，还会阻碍它。

拖延是由我们加诸自身的标准或条件决定的。当周遭的环境或标准不能满足需求时，我们感觉难以进步，就继续停滞不前，这就成了一个障碍。举例来说，在尝试确保每件垃圾都被放在了合适的垃圾桶的过程中，我们或许会在讨论哪件垃圾应该被投入哪个垃圾桶时就卡住了。

认清拖延行为很重要。通常人们容易陷入拖延而不自知。拖延的主要特征之一就是自说自话。正如我们在第 13 章里讨论过的那一样，自说自话是人们在做决定时的内在对话。

举例来说，在扔掉不想要的物品时，可能会出现以下的对话：

对话 1：我需要扔掉这个东西。

对话 2：我到底要不要把它扔掉啊？

对话 1：我不确定我是否做好心理准备了。

对话 2：我需要扔掉这个东西。

对话 1：或许我可以晚些时候再试试看。

对话 2：但是我需要把这些东西都扔掉啊……

你可以从对话中看出，当一个人陷入拖延症时有多纠结——难过的是，这个纠结的过程可能持续数个小时，也没有任何决定或者结果出来。

你将会发现，思维反刍和拖延有相似性；而不同点就是思维反刍是以尽力弄清事情始末为特征，拖延则是更偏重把事情做对做好。当这两种行为与囤积癖相遇，他们就成了障碍。正如所有行为一样，他们通常情况下也与信念有关。

你会发现，在你通读本书的过程中，你已经在与信念、情感以及行为打交道。这三者之间是相互关联的。正如前面讨论过的，单纯地抛弃囤积物并不能有效地帮助你解决囤积问题。针对你的信念、情感以及行为开展工作将会在更长的一段时间内帮助你。

处理你的拖延问题的第一步（无论你有何种信念、情感或者行为）是认清它。要意识到你正在做的事情。拖延的标志是自说自话，尤其是遇到必须要做的事情时。这种内心的辩论给你一个提示，那就是你开始拖延了。拖延的另外一种形式就是与家人或者朋友讨论某项任务的预期或前景。这些都是你要警惕和注意的微妙陷阱。

辨认拖延

拖延的第一步是意识到自己在拖延，这是一种无益的行为。你的拖延被触发是因为你希望事情按照期望的方式或结果出现，或者希望能够感觉良好。如果你在做出改变，这或许会给你带来不舒服的感觉，但是在前面的章节中我们已经讨论过你应该如何与这些不适的感觉相处，或者说如何忍受它们。你会慢慢发现，不断练习我们讨论过的技巧会有助于你更好地与这些不适感相处，而不让它们加剧你的囤积问题。

一旦你意识到你在拖延，不要让它再继续下去。问自己，我自说自话的原因到底是什么？这将帮助你认清自说自话的作用。

同样，应用囤积之花来建立对你的拖延行为的概念化会很有帮助。

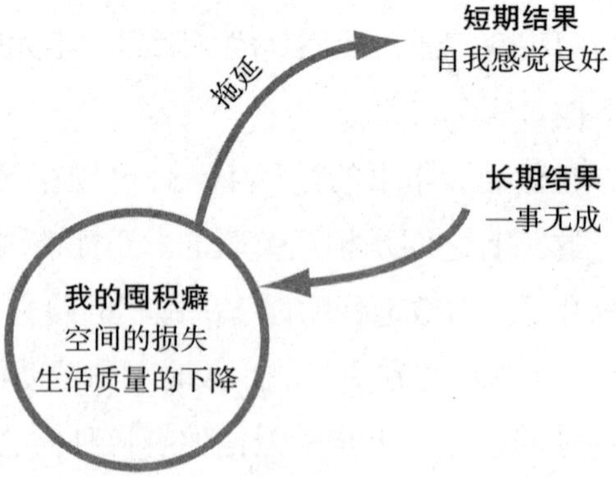

一旦你深入了解了拖延的作用并对其做了概念化，问问自己：

这对我的囤积问题有多少帮助？

这对于我完成手边的工作真的有帮助吗？

我沉浸在这样的自说自话里或者试图做到万事俱备的代价和好处都是什么呢？

这些都是帮助你开始处理拖延的最为重要和本质性的问题。然而，仅仅提出这些问题是不够的——你还需要采取下一个步骤。冒点风险，测试你的预测也是这个练习的重要组成部分。通过测试，你能够发现你预想中可能会发生到事情，到底会不会发生。否则，你会因为担心事情不按照你预想的方式发生，而不去真正动手去做。

因为你已经完成了几乎整本书的阅读，这就意味着你一直在冒险尝试。

你一直在忙于你之前从未尝试过的行为——到目前为止，你发现什么了？在你处理问题的方式上，哪些地方发生了改变？

每个人都是独特的。这些问题可以帮助你探索和剖析你曾经的经历，并更深层次地理解它们。而将当下的经验与曾经的经历联系起来会有助于重新整合过往，加强你对参与过活动和行为的理解。你可以将你所做的这些联系加入你的收复之花。

写出你的拖延症

承认而不要否认自己的拖延。记录下你一般会在什么事情上有所拖延。

我在如下事情上会拖延：

____

____

____

完成对我的拖延的概念化。

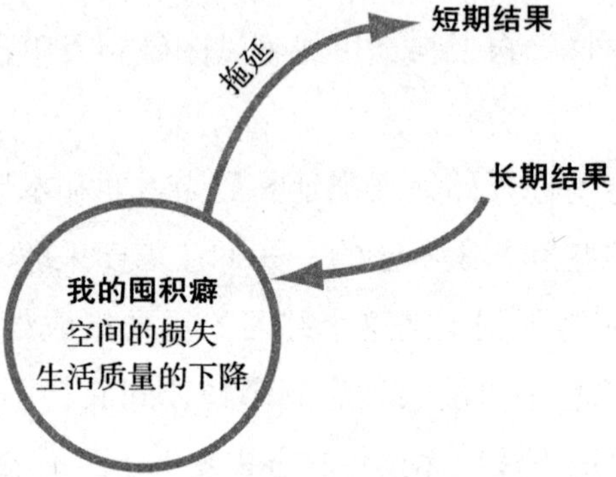

如实地记录拖延问题的种种利弊，可以帮助你决定采取何种新方法来处理你手头的任务。

拖延的好处或优点是：

____

____

____

____

____

____

____

____

____

____

____

____

____

短期的好处

对己	**对他人**

长期好处

对己 **对他人**

短期代价

对己

对他人

长期代价

对己	对他人

既然已经分析了自己拖延问题的种种利弊，我做事的新方法应该是：

____

____

____

你一直在忙于一些你之前从未尝试过的活动——到目前为止，你发现什么了？

通过采取不同于以往的行事方式，我发现：

____

____

____

我的行事方式有如下转变：

____

____

____

以做事风格与以往不同来开始自己的冒险。测试一下你的期待吧。

为了帮助你确定自己的期待，询问自己，如果我打算以不同的方式完成这个任务，比如说，不再继续自己的拖延，我认为会发生什么事情？

____

____

____

尝试着以不同方式来做事，这对自己来说是个冒险，不要拖延，去完成你本来打算做的事情。

通过这次冒险，我发现：

____

____

____

通过冒险，用与以往不同的方式行事，你在检验你的期待。

通过检验我的期待，我得知：

____

____

____

仔细问问自己，在处理自己的囤积问题时，我给自己设定的这些标准、期待以及条件对我有多少帮助?

____

____

____

怎样对待这些我的标准、期望以及条件，会对我更有帮助?

____

____

____

帮助你应对拖延的另外一个方法就是用正念来与这些想法、要求以及想要以正确的方式做事的感受待在一起。

尽量不要评价或者沉浸在自己的感觉中。先尝试与自己的想法以及情绪待在一起两分钟，然后慢慢增加时间的长度。当你坚持与想正确地处理事情的想法待在一起时，你发现了什么?

我发现：

____

____

____

当我延长了与它们待在一起的时间后，我发现：

____

____

____

通过不再拖延，迅速处理手边的事情，我发现：

____

____

____

哪些东西对于阻止我的拖延是有帮助的？

____

____

____

哪些东西对于阻止我的拖延毫无帮助？

____

____

____

尝试接受这一点，拖延是一种很正常的行为，但是对你清理囤积物品，处理你的囤积问题来说没有帮助。

帮助你处理拖延的另外一个重要技巧是前一章我们讨论过的正念。正念帮助你安住当下，不去比较或判断事情曾经是怎样，未来又会变成怎样。安住当下将会帮助你接受现在的感觉，不再纠缠，你将会慢慢学会忍受这些不舒服的情绪。

将你的想法带入意识中，对它们保持觉察，让它们在那里；没有必要对它们进行评判或评论。觉察你周围的一切，但不要评判，亦不要参与其中。

另一种易学易用的技巧就是视觉正念练习。这是关于“看”的训练。通常情况下的“看”是指我们看着某个具体的东西，比如正摆放在我们面前的东西。这里的“看”意味着我们睁开眼睛，观察我们周围的一切。

这里有一个视觉正念练习。这个方法很短小，而且易于掌握。把叙述方法的文字多读几遍，争取烂熟于心，这样更易于你轻松地实践这个方法，而不需再对照文字。你仅仅需要很短的时间来做这个练习。比如，你可以从五分钟开始，然后循序渐进，延长时间。

从关注并调整你的呼吸开始你的正念练习。

练习中并不需要深呼吸，只需要像平时一样正常呼吸。

对于气息的呼入或者呼出，保持不加评判的觉察。

留心你此时所处的地方。如果正处以坐姿，觉察自己的姿势、身体与椅子或地板的接触方式。如果正在户外，觉察你的周围。再一次提醒，不要做任何评价。

留心你身边的环境，观察你看到的一切，尽管你无需为你看到的事物标注标签，也无需对它们进行描述。

如果你意识自己沉浸在你的念头中，请把注意力转回到关注呼吸上，细细体味气息呼入和呼出的时刻。

温柔地对待自己，接受自己刚才的走神，这些都没问题。

把你的意识带回到周围的环境中，觉察你眼睛看到的一切。

发展属于你自己的正念技巧——只要奏效就行。任何地点，任何活动中都可以练习正念。你可以带着正念完成手头的工作。安住在当下，着手工作时无需太过理会过程中产生的想法或者不舒适的感觉。

家人朋友必读

理解拖延是什么，以及它如何影响你的朋友或家人。你的知识可以帮助你支持他们。阅读本章的内容后，或许你自己也可以从中获益，因为毕竟我们中的很多人都有拖延问题，尤其是当我们担忧或者怀疑我们能否达到自己划定的标准时。认出这些对我们毫无帮助的自说自话，或许也对我们自己有好处，使得我们可以更好地处理与囤积者一起生活并试图帮助他们的过程中所面临的困难。你也许可以帮助他们列举拖延行为的利弊。为他们准备完成任务的奖励也可以帮助他们更好地克服拖延，放手去做。我们在之前曾讨论过，正念练习有助于帮助我们学会安住在当下，尽管对有些人来说，这是一种个人的体验，但有人一起练习或许会起到激励的作用。

小贴士

- 对自己的拖延行为保持觉察，并认识到自己拖延的原因。
- 不要与拖延纠缠——先着手处理手边的任务。
- 找到你拖延的诱因，认清你的预期。
- 要培养一种态度，尝试接受事情永远不可能像我们希望的那样完美。天底下压根儿没有十全十美。
- 记得定期进行正念练习，它会帮助你安住当下，着手完成自己的任务。
- 拖延是一种很常见的行为，因此如果你在拖延，那么就坦然地接受它。
- 培养一种态度，学会接受事情不可能总是像我们预先设想的那样发生。

- 培养一种具有灵活性的态度，并将它应用到你在做的任何事情中。
- 考虑每天冒一点可以接受的风险。
- 在处理拖延问题的过程中，在方法上保持一致。

阻碍

“我的拖延是无意识的。”

因为拖延的问题在你身上已经很长时间了，它已经变得不受意志支配了。处理你的拖延问题的第一步就是觉察并接受自己正在拖延。尽可能具体地写下你的行为，这样有助于你着手解决它。

“我觉得在确保一切都完成得很好这个方面，我的拖延是起了良好作用的。”

你或许会感觉拖延对你有帮助，要不是因为拖延，你或许不会把事情做好或者按照你想象的方式去完成它。现在我们来测试你的预期是否准确。测试自己的预期是一个很好的方法，可以验证事情并非都会如你想象的那样。这样的冒险也可以帮助你培养更为灵活的思考和行事方式。冒险将会促使你创造新的、健康的行为方式，帮助你更好地治愈你的囤积癖。

“(克服拖延)好像要花很长时间。”

没错，这的确要花费时间，但是重要的是要对自己的行为有所觉察，这样才能够有的放矢地管理它。你练习得越多，花费的时间越多，你就会越轻松。此外，随着时间的推移你将会发现，通过你对待拖延的态度上保持一致，习惯成自然，它将成为一种惯性，并且只需要较少的努力便可以管理这种行为。

关键信息

- 拖延是一种毫无益处的行为方式，在你清理杂物以及克服囤积问题的过程中，它会对你完成既定目标产生困扰。
- 充分认清隐藏在拖延背后的驱动因素；你的标准、预期以及你感觉正确处理事物的需要。要认识到所谓的标准或者期望对处理你的囤积问题没有帮助。
- 培养一种灵活、愿意尝试的态度。
- 承担风险，去测试你的预期。通过测试你的预期，你也在对你的标准、期望或信念进行调整。
- 在日常活动中，让正念成为一种习惯，你可以把它应用到任何你觉得困难的领域。
- 专注于你在第 2 章中提出的愿景，不断激励自己。

18

不忘初心——回顾过往

前几章中我们讨论过一些有助于清理杂物和处理囤积问题的干预手段。很重要的一点是，你需要以自己的节奏独立完成这些练习。这不是一段轻松的旅程，旅途中有很多障碍和不适，但你已经成功地走到了这里。通常情况下，我们会忘记回顾我们已经走了多远或取得了怎样的成就。不时回顾自己的旅程将会帮助你认识到自己已经取得的成就，并激励你继续努力解决你的囤积问题。

回顾一下，你从哪里来，你现在在哪里，这些问题将会帮助你在未来道路上勇于面对的困难和障碍。它还会指导你识别其他需要关注的领域，帮助你完成对领域的囤积之花和收复之花概念化。

本书第 1 章中讨论过，记录那些对你有用的干预措施是有益的，这将在你处理自己的问题时为你提供一个方便的工具箱。这个工具箱里的种种工具还会在你遇到其他困难时提供帮助，而不单纯仅仅针对囤积问题。在你的个人经历中，年复一年，你不得不面对许多不同的情况。在处理这些问题的过程中，你获得了直接经验，你一直在运用你多年来在生活中所学到的技能。

回顾过往是我们日常生活中常见的一种做法。举例来说，当你感到疲倦时，你可能会考虑你为什么会这样。这就是回顾过往的一种形式。这种回顾的形式是完全自动地——你甚至无需思考。在处理杂物和囤积问题的过程中，让回顾成为一种有意识的行为，并每周定期去做，是很有用的。

有很多方法可以回顾你的进步；使用我们在这本书中讨论过的技巧都是有益的，因为这些信息很容易获取。你要保持一以贯之的态度，以相同的准则来回顾过往，监控出现的变化。有时候你会发现自己很难做到客观，这时候你可以考虑邀请你的家人或朋友来帮助你。

当你沉浸于某一环境之中，有时很难注意到发生了什么变化。此外，如果你有很高的标准和期望，你很可能会过滤掉你迄今为止所取得的成就。高标准和期望（正如我们在上一章所讨论的）可能是一个障碍，使人失去动力，因为你从来没有觉得自己做得够多或者完成了你想要做的事情。你会注意到，能够觉察到自己的信念、感觉以及行为是多么重要的事情，因为很大程度上正是它们让你陷入困境。

回顾囤积之花

回顾囤积之花是自我回顾的一个很好的起点。当你在处理你的杂物和囤积问题时，重新回到你最初在第 5 到 7 章所制定的概念化。评估每一个花瓣，并记下所发生的变化，尤其要突出困难的领域。你可以将这个概念化作为你的地图，来帮助你考虑其他可能需要采取的干预措施，最终帮助你解决自身的问题。你可以把它看作是走了一条不同的路线，因为当前的道路是拥堵的。

在本书的第 1 章，我们讨论了拍摄你周围环境的照片（详见第 1 章）。这些照片记录了你的房间当时的样子。在你通读本书的过程中，希望你已经在不同的阶段拍下了照片。将这些照片作为评估变化的手段。你也可以用这些照片来帮助你，以百分比的方式来评估已经取得的进展。

此外，第3章中讲到的H.O.A.R.D.方法也可以用来检查你已经取得的进展，提高你的积极性。如先前讨论过的那样，在一个家以外的环境里回顾最近的照片是有帮助的。你还可以使用H.O.A.R.D.来帮助你规划接下来的步骤，以实现你的目标。

你的愿景（第2章）是你在阅读本书过程中使用的另一种方法——利用意象来激发你的积极性。愿景就是你希望你的环境变成的样子，以及你未来生活的样子。你可以将你的愿景与现在的环境进行比较，并评估你与愿景之间的距离。

网格法（第10章）是我们讨论的另一种技巧，可以帮助你减轻压力，把注意力集中在一个区域，将其清理干净。给你的网格做个记录，回顾现在已经清理干净的区域。将它与最开始划分网格区域时的情况进行比较。

杂乱图像评定法（第11章）是一种视觉评估方法。它起初被专业人士用来评估一个人家里的杂乱程度，我们将其用来帮助你对自己所要达到的目标有一个视觉化的印象，并帮助你评估为了达到你的目标，你还需要采取哪些步骤。这个方法能让你对当前的杂乱程度进行评估，并且与你刚开始清理时进行对比，因此它非常有用。你可以结合日程安排（第4章）来回顾你的进展。监督你花在整理和处理囤积物上的时间，并评估你接下来还需要花费在清理杂物上的时间。

在第1章中，我们讨论了保持记录丢弃塑料袋的数量。回顾记录可以让你了解从自己的居住环境中清除出去的杂物的数量。这一点相当令人振奋的——看到从你环境中清除出去的垃圾袋的数量，会凸显你的进步并增强你处理杂物和囤积问题的能力。

回顾也可以帮助你评估并识别退步的原因。回顾的过程将帮助你了解自己正在经历的障碍和困难，并找到克服这些挑战的方法。

当你在处理你的杂物并挑战你的囤积问题时，你要有创造力，敢于冒险，敢于测试你的信念。你已经回顾了你的收复之花，并将用你的新信念、新行为和你清理囤积物过程中发现的新方法来对它进行更新。

视觉回顾

重新审视你的囤积之花概念化，找出你所面临的一些障碍。是什么使它们持续存在？你是如何应对它们的？将它们添加到你的概念化中去，这会帮助你更好地理解你现在的处境，并为你提供一个机会来仔细思考将来如何应对这些挑战。把每个阶段拍摄的照片按时间先后顺序排列，以便让你看到在你周围环境中发生的变化。认识到自己到目前为止所做的努力。为自己喝彩，承认你在处理问题时面临的困难，保持韧性。

使用相同的照片，回顾 H.O.A.R.D. 练习。这将帮助你认识到自己所取得的进步，在旅程的下一个阶段，提升你的积极性。

这张照片中发生了（**H**appened）什么？——**H.**O.A.R.D.

____

____

____

我想要克服（**O**vercome）什么？我的目标是什么？——H.**O.**A.R.D.

____

____

____

我可以想象没有这所有的（**A**ll）杂物的生活吗？——H.O.**A**.R.D.

____

____

____

囤积问题是怎样扰乱我的生活？影响我的社交关系的（**R**elationships）？——H.O.A.**R**.D.

____

____

____

我会怎样解决（**D**o）它？——H.O.A.R.**D.**

____

____

____

把你最初的愿景带入脑海中，把它和你现在的环境相比较。问问你自己：我离实现我的梦想有多远？

____

____

____

到目前为止，以百分数来表示，我达到了：

____

____

____

为了实现我的愿景，我必须采取哪些步骤？

____

使用网格法将工作区域分解为更小的部分可能会有帮助。创建一个新的网格，将仍未清理的区域涂上阴影。比较之前和现在的网格来评估你已完成的工作量。把它钉起来挂上，这样它就可以是一个视觉提醒。

使用杂乱图像评定法来评估现在你居住环境的杂乱程度，与最开始时的情况进行比较。你将能够清楚地看到你已经走了多远，取得了多少成就。

记录下你丢弃的杂物的数量，这样可以直观地显示出因你的努力而产生的变化。有些人甚至保留了他们丢弃的杂物的照片。

前面已经讨论过，回顾的目的不仅仅是看到已经发生的变化，还应该包括看到哪些地方仍然有待改善。它让你有机会去识别你之前没有意识到的障碍和挑战，并制定行动计划来应对它们。

回顾一下收复之花概念化，以巩固那些已经起作用的方法，遇到过的困难和试过的应对措施。

家人朋友必读

当你的朋友或家人正在进行回顾过往的练习并向你寻求帮助时，给出清晰且有建设性的反馈，着眼于积极面，会对他们有益。你可以帮助他们质疑自己对积极信息的过滤或忽视，认识到自己取得的成就。同样地，如果他们正面临障碍，帮助他们认清障碍的真面目，计划克服障碍的方法。和他们一起使用杂乱图像评定法，回顾照片和记录来评估变化，为新的进展而庆祝。这个过程可以带来客观上的进步。你所支持的人可能会希望你参与到下一步计划中来。你也要学会回顾，回顾自己作为支持者和助手的角色；你是否已经在照顾好自己的前提下尽了最大的努力去帮助他们？你的支持和帮助哪些是有效的？哪些方面效果不是很好？说出你的所见和所得，分享过程中你的切身感受。或许你的角色正在发生变化，也可能需要做出某些调整，当你的朋友或家人改变的时候，你也改变了。

小贴士

- 记录下你为处理杂物、解决囤积问题所做的事情。把这些记录放在一个安全且容易取阅的地方，方便你随时翻看。
- 养成定期回顾的习惯，这样会让你看到正在发生的变化，从而增加你的动力。
- 认清你的无益的思维模式，因为它们往往会使你的努力化为乌有。
- 允许他人参与进来；他们提供的反馈会对你非常有帮助。
- 时刻记住，回顾和反思你的困难是一种积极的行为。它让你认识到你所取得的成就和你所面临的障碍。
- 定期回顾；每周至少一次。
- 要现实一点，不要贬低已有的成就，其实你已经走了很远。
- 如果你没有取得进展，承认并接受这一点，相信你能够解决这个问题。不要试图找理由，或者为你没有取得进展找借口。

阻碍

“我没时间回想我最初开始的时候做了什么。”

回顾你旅程开始的地方可能看起来很耗时间，但实际上这真的很有帮助。它会凸显你当前处理困难的能力。有规律地回顾你能够清楚地了解那些对你最有帮助的干预措施，并以这些有益的干预措施为基础继续努力。

“我好害怕回顾之后发现自己毫无进步。”

这种恐惧是真实存在的，因为毕竟没有人喜欢自己没有取得进步的感觉。然而，找出缺乏进展的原因并不是一件坏事。了解真正的原因将帮助你解决这些困难。不要让自己失望，但也不要对自己太苛刻。接受这个真实存在的障碍，重新审视你的囤积问题，重新审视囤积之花概念化。这可能是一个向你信任的人寻求支持和帮助的绝好机会。

“如果我进步太多了怎么办？”

首先祝贺你取得了这么大的进步。回顾一下在你收复空间、重塑生活之旅中对你有帮助的事情。以这些有益的事情为基础，进一步强化它们的作用。提醒自己克服自身的囤积问题的初心。充分认识你的韧性，不断发展你的解决技巧。你可能会想要在某些方面为其他囤积者提供支持和帮助。

关键信息

- 定期且有规律地回顾过往对评估和识别已取得的进展非常有用。

- 把回顾练习加入到你的活动日程中，每周至少回顾一次。
- 回顾过往可以帮助你提高积极性，鼓励你做更多的事情来克服你的囤积问题。
- 不要觉得你不能向那些你信任的人寻求帮助和支持。
- 记录下那些对你有用的干预措施，并以它们为基础开展进一步工作。
- 要前后保持一致，并不断用你的愿景来激励自己。

19

陷阱

到目前为止，我们已经讨论了很多可以用来帮助清理杂物和克服囤积的干预措施。在实施这些干预措施的过程中，你或许一直身受挑战和磨炼。我们已经认清了对待某些障碍的方法，而你可能会经历其中的一些。本章将讨论一些其他形式的陷阱，它们可能在你处理杂物以及克服囤积问题时会影响你的努力和积极性。

其中主要的陷阱之一就是不知所措的感觉。这是很多人都会有的体验，不仅仅是与囤积有关。感觉不知所措的后果之一就是人们倾向于避免那些让他们感觉不舒服或者难以应付的情形。这可能意味着环境中囤积的杂物没有得到处理。

另外一个陷阱是内部回收——将你保留的物品转移到家里的其他区域。内部回收就是说，没有抛弃物品，只是把这些物品转移至另外一个区域，实际结果是家里杂物的总量并没有任何变化。这样并没有解决你的囤积问题。内部回收的常见原因之一就是决定困难，也就是说很难做出决定。而这是囤积者们的普遍抱怨，他们不能做出决定，因为他们害怕做出错误的决定。

这种回收方式与我们通常处理垃圾的方式不同，后者对周围社区和环境都是有益的。对于一个有囤积问题的人来说，回收会成为一种障碍。与回收有关的信念往往是僵化的，对某些人来说，确保所有东西都被回收的需求太强而往往适得其反。这些信念往往会导致物品不会被丢弃并被保留在家中。有囤积问题的人需要意识到他们对回收利用的信念，以及这些信念是如何妨碍他们拥有一个干净整洁的环境和焕然一新的生活的。

人们经常陷入的另一个陷阱是没有意识到自己已取得的成就。这种通常会发生在他们的工作没有达到自身的期望或标准的情况下。期望和需求会对你的囤积同时产生积极和消极的两种影响。消极的影响是会阻碍你，因为它往往会让人感到失去动力而未能完成本来想要做的事情。

对你保存的物品的情感会阻止你丢弃它们。这就导致了你要保存这些物品是基于你的感觉，而不是基于你需要定期使用它们。你对物品赋予情感是很正常的，特别是当它们有重要意义的时候，比如一个亲密朋友赠送的珠宝。但是那些有囤积问题的人对于物品有着过于强烈的情感投注。他们通常会持有以下这些信念：

这件物品很特别。

这件物品是不可替代的情感依托。

这件物品对我来说意义非凡。

这件物品提供了与过去的联系，是一根重要的纽带。

我的记忆与它紧密相连。

这件物品和我有着千丝万缕的联系。

对于保存下来的物品，我们感受到的需求、作用或价值都可能变成陷阱。通常人们会根据想象的需要或未来有可能的使用来保存物品。这常常会导致大量的物品被长期储存下来而不会被使用的情况。通常情况下，人们就会忘记他们已有的这些东西，并且还会继续收集并保存更多的东西。他们通常会持有以下一些信念：

下次要用到它时会很方便。

未来我肯定会需要它，扔掉我会没办法找到它。

或许别人还会需要。

丢了它不是浪费钱嘛。

这件物品也有它需要完成的生命价值（它有价值）。

强迫性购买是另外一种陷阱。通常，人们会购买某些物品是基于这样的信念：这些东西是有价值的而且以后肯定会用得着。抱着这种信念，我们购买或收集了过多的东西。这些物品通常不会被使用，而是被囤积起来。以下就是一些常见的这类信念：

我需要它。

我可不想浪费它。

它很好用的。

不一定什么时候这个会派上用场。

家里需要它。

万一我将来买不着了呢。

另一个陷阱是无法忍受不适的感觉或情绪。情绪会让人不舒服，人们会试图找到减轻不适感的方法。不幸的是，有时人们用来处理这些感觉的方式会使他们的囤积问题更加严重。从长远来看，这又将导致对不适感的容忍程度降低。

回避问题是个大陷阱。你会因害怕而回避问题。你害怕的东西可能包括面临的困难、对形势的预测、认为自己没有能力处理好事情的信念，以及你可能会经历的不适。回避会导致你不敢面对恐惧，不能去做你想做的事情。因此，你所害怕的区域永远不会得到解决或分类。这是困扰囤积者们的一个主要问题。他们通常会避免待在自己家里，这样就不会看到凌乱不堪的环境，也不用忍受身处其中带来的不适了。

脱离陷阱

你可以使用网格法。尝试把你的空间划分成更小的区域，这样会减少你不知所措的感觉。在较小的区域内工作会更便于管理，并且你可以直观地感受到变化正在发生。通过特定的区域涂色可以帮助你集中精力清理这个区域。在每一个阶段都拍照片，因为它会帮助你认识到你的努力所带来的好处，对自己取得的成就及时进行庆祝。

另一种处理不知所措感觉的方法是利用杂乱图像评定法来评估你房间的杂乱程度。确定在特定的时间段你希望你的环境有什么改变。使用最能代表你希望达到的目标的照片来帮助你确定这一点。制定一个关于你可以做些什么来减少杂物，达到你想要的结果的行动计划。在规定的时间范围内，设定自己的目标，要现实一些。然后你就可以按照自己的节奏进行工作，而不是试图一下子把事情都做好。制定一套能够帮助你解决问题的行动计划有助于你更有创造性地克服问题。

利用你每日的活动安排表来确保你一直在不间断地努力，在划定的区域不断地减少囤积物的数量。通过不断地工作，你清理杂物的能力会增强，同时也会意识到事情并不像你最初设想的那么严重。在你的活动日程表上记下你当时做过的事情。当你回顾过往时，它会如实地呈现出你所取得的成就。

第四种方法是争取家人和朋友的支持，在那些让你觉得难以承受、不知所措的地方帮助你。考虑一下你想从他们那里得到怎样的支持。支持可以是情感上的，也可以是实质上的。与他们协商，看他们在你处理清理杂物的时候可以怎样支持你。

当你发现自己在内部回收的时候，记住你的目标应该是让你的物品离开你的环境。使用第12章讨论过的“可抛弃”堆、“不可抛弃”堆以及“或许”堆的分类法，来帮助你做决定。在复杂的情况下，可以使用成本/效益分析来帮助你做出决定。

意识到自己关于回收利用的信念是很重要的。谈及回收，几乎所有人都和你有相似的想法。然而，你的可能信念有些僵化并会对你的囤积问题产生负面影响。学会处事灵活，承担丢弃物品的风险，不去回收它们是很有帮助的。重要的是要记住，所有被丢弃的物品最终都会被回收，即使它们的路线与你想要的路线不同。如果你仍然发现很难丢弃你保存的物品，重新审视你的愿景，充分了解你的意图与你的囤积行为的关系，或许会有所帮助。

正如上面所讨论的，记录下你所做的工作和被丢弃的垃圾袋或物品的数量。当你感到沮丧或感觉自己没有取得很多成就时，回顾一下你所做的记录，这样就能提醒你并帮助你认识到你所取得的成就。把这个记录放在你可以很容易地取得的地方。用涂色的卡片来帮助你保持注意力可能会很有用。

与物品有情感联系是正常的。但是如果你有囤积问题，那么保存物品的数量通常是过量的。我们需要认识到情感在留存物品方面起到的作用，事实上它可能毫无帮助。根据需要或日常效用来保存物品是合理的。要认识到自己对物品的情感是无益思维模式的一部分，并利用成本/效益分析来帮助你决定如何更好地处理这些问题。

你需要挑战你可能会用到这些物品的信念。这些信念维系着你的囤积问题。这些关键问题在处理这些信念时很有帮助：

我上次使用这个东西是什么时候？

如果有火灾或抢劫，这些东西都丢失了，我能不能正常工作生活？

我需要使用这些东西的可能性有多大？

如果我将来需要这个东西，我能从其他地方得到它吗？

用证据来挑战你对物品的情感和以为会用到它们的信念是有帮助的。写下你的信念，记录下每一个支持或者反对的证据，回顾它们可以帮助你对情况有更均衡的认识并且能够相应地处理它。

强迫性购买是一个主要问题。并非每个囤积者都有这个问题，但是大多数人的确会这样。认识到自己的确想要获取物品，并学会抵制它是很有用的。确定你会强迫性购买的东西，比如书籍或衣服。你会注意到，某些特定模式或诱发因素会促使你购买这些物品。例如，去慈善商店可能是一个诱发因素。你可以选择和他人一起去慈善商店，或者选择那些你不太可能购买太多东西的商店。限制你在那些更有可能购买物品的地方待的时间。问自己这些问题，学会对自己说“不”：

我需要这件物品吗？

我会马上使用吗？

我为什么要买这个东西呢？

如果我没看到它，我会觉得需要购买它吗？

这些问题可以帮助你退后一步，这样你就能更好地了解情况，更好地处理问题。

另一种有用的方法是记下你喜欢的东西，然后离开，继续你的购物。然后问问你自己，如果不回到那个出售物品的商店或地方，你是否需要它。你可能会发现，你想要得到和购买物品的欲望已经减弱了。

永远把你最初的愿景作为一种工具，来帮助你专注于你想要达到的目标。

对不适的感觉保持更高的容忍度是很重要的。正如之前讨论的那样，承认并接受你的感觉是很好的步骤。尽量不要与让你不舒服的感觉接触。首先从短时间的尝试开始，然后逐渐增加时间。提醒自己这些感觉会过去，这种不适感也会减少。使用前几章所讨论的正念练习。争取你的家人和朋友的支持来帮助你应对这种不适的感觉。

在处理你的回避问题时，重新审视你的“囤积之花”概念化是很有用的，确定回避如何加重了你的问题，以及它如何成为困住你的陷阱。当你不再回避的时候，你就会意识到，你从中得到了什么。如果你觉得它太难了，就把它分解成更小的步骤，这样它就变得更容易管理了。

记录

我们常常试图通过思考来解决我们面临的挑战或障碍。第一时间把它们写下来是很有帮助的。把它们写下来可以帮助你确认困难，让它更具体，帮助你集中精力处理它。另外，记录还可以帮助你识别实际的陷阱或障碍。

重新审视你自己囤积之花概念化，帮助你更好地理解这些陷阱，以及你应对它们的方式，如何影响着你的囤积问题。

我目前的障碍、挑战、困难或陷阱是：

____

____

____

一旦我确定了现阶段的障碍、挑战、困难或陷阱，使用前面讨论过的技巧和方法来应对它们。

确定了问题所在之后，接下来的步骤是：

____

____

____

回顾一下你为应对所面临的挑战所采取的步骤。

采取行动应对我的障碍、挑战、困难或陷阱之后，我注意到：

____

____

____

反思你是如何应对障碍、挑战、困难和陷阱的，写下你从中学到了什么，以及这些对你意味着什么。

在应对上述挑战的经验中，我学到了：

____

____

____

我已经解决了这些挑战，这对我来说意味着：

____

____

____

我的优势是：

____

____

____

记住，前面几章中提到的帮助你应对挑战的所有技巧和方法，都可以应用到你在生活中遇到的其他困难上。

退后一步，回顾一下之前你是如何成功应对挑战的，并应对它们。

家人朋友必读

有许多方法可以让你帮助他们解决障碍并且识别陷阱，这取决于你愿意为你的家人或朋友做多少。熟悉上面讨论的陷阱类型，如果你和囤积者的关系允许，如果你认为他们正陷入其中一个，你就可以举起警告旗。例如，你可以质疑严格回收、强迫购买、“可能未来会用到”和其他无用的信念。为了帮助他们克服这些陷阱或障碍，你可以委婉地问，需要我们做些什么来帮助他们向前迈进；在处理相似的困难之前，他们曾经用过怎么样的方法；或者只是简单问问他们是否有什么需要你帮忙的。提醒他们回顾曾经定下的愿景，确认愿景的可行性。使各种可能的沟通方式，如电话、电子邮件、社交媒介或面对面的讨论。这取决于彼此的距离和偏好，并确保你的支持很容易被接受。试着记住或参考之前记录的有用的办法，以帮助克服当前的困难。

小贴士

- 接受你所面临的障碍、困难或挑战。
- 反思你过去的经历，你当时是如何应对它们的。利用这些经验来帮助你在当前的时刻处理它们。
- 如果太难的话，要向家人和朋友寻求帮助。
- 把它分解成更小的步骤，你会发现它更容易管理。

- 总是要记得把你的行动计划写下来。
- 记录下那些对你管用的办法，以帮助你解决未来可能遇到的困难。
- 承认障碍、挑战、困难和陷阱都是生活的组成部分，而且你每天都会面对它们。
- 认识到你处理和应对困难的能力。人们往往低估了自己应对挑战的能力。
- 不要逃避挑战，勇敢面对。

阻碍

“我发觉，当我身上的囤积问题变得不好解决时，我就不想管了。”

遇到困难时，回避是正常的反应。然而，你会注意到，回避只会让你的问题继续下去。试着去面对困难而不是逃避。如果有需要，就把困难分解成几小块，分别面对，逐个击破。

“我没有能力处理我的困难。”

记住，你每天都要面对困难，要应对困难。你很容易忘记自己面对挑战的能力。当面对这些困难时，退后一步，认识到你的适应力，看看你之前如何应对和管理它们。每一种情况都是一种学习和发展新的、更健康的应对机制的机会。

“困难好像没完没了。”

有时你会被一个接一个的困难轰炸。这是因为你正面对的是生活中一个困难的方向。你所面临的问题由来已久，也需要时间去克服。应对当前的困难，而不是担心你可能面临的潜在挑战。

关键信息

- 在处理你的囤积问题时遇到挑战是很正常的。
- 回顾自己囤积之花概念化，了解这些挑战对你的影响以及你尝试过的应对这些问题的方法。
- 你有能力和技巧来应对陷阱。认识到自己的力量。
- 灵活一些，创造性地发展你的技能，以应对你的挑战。
- 利用你的愿景，让你集中精力处理你的囤积问题。

20 勇往直前

如果你一直在遵照本书中的技巧和方法在学习，相信你一定取得了很大的进步，在收复空间、重塑生活的旅途上有了显著改善。但是这并不意味着你旅途的结束。事实上，这才刚刚开始。每个章节的目的都是向你介绍新的技巧和练习，让你在与杂物和囤积癖抗争的旅途中不断学习。

到目前为止，你已经收获颇丰，但是关键是要保持这一势头，保证你能够继续朝着梦想中的愿景努力。最终，我们希望你能够让你的空间里充分发挥作用，按照自己的想象和规划合理利用它。

这次精彩的旅程不仅仅聚焦在你的杂物和囤积问题上，而是与你更大范围的日常生活有关。这里是一些小贴士。

回顾一下你做过的笔记并使用你认为最有帮助的练习来实现你的愿景。定期回顾你的进展，并使用回归基础、不忘初心的原则。

重新审视小贴士和关键信息——他们会为你提供每个章节要点的快速提示。

培养一种乐于尝试或测试的意愿。富有创造性和灵活性，因为通常情况下，很多事情可能不会像你所希望的那样发生。针对你的期望和标准来进行工作，从长远来看对你是有帮助的，尤其当事情不是你想要的样子的时候。

放弃逃避。逃避只会让事情变得更糟。你的适应性很强，你在生活中已经做到了很多。认识到你的内在力量。宽容地对待自己。宽容就意味着富有同情心。拥有同情心才会更好地成长，所以让自己成长吧。

如果可能的话，试着去帮助别人。没有什么比帮助别人更能让你学习和强化你的技能的。这也会帮助你培养一种分享和反思的态度。为了帮助别人，你需要反思你尝试和检验过的事情。

生活充满了不确定性，所以要培养一种像猫那样好奇、乐于尝试的态度；轻松而专注于正在做的事情。发现和探索都意味着要承担风险。承担风险意味着把你推到临界边缘，你会发现你的恐惧和焦虑是毫无根据的。

记录下你已取得的成就。通常情况下，当我们感到情绪低落、灰心沮丧时我们就会忘记我们所做过的事情。赞美自己在收回空间、重塑生活的旅途中所付出的努力吧。全心投入到你正在进行的活动中。

第三部分

重塑生活

当你在全力以赴地对付你的囤积问题时，别忘了生活还在继续。你千万不能忽视其他活动，工作、娱乐、休息和个人时间的健康平衡都是重塑生活计划的重要部分。我们常常在生活中如此投入，却忘记了创造个人独处独乐的时间的必要性。从另一个角度说，可能个人独处独乐的时间又太多了，其他的事情（比如你的囤积）都被忽略了。

你会注意到本书的重要主题之一就是家庭和朋友的参与和融入。作为人类，我们是社会性的动物。然而，我们的囤积问题会让我们感到羞愧，害怕别人会因为我们的问题而拒绝或评判我们。因此，我们不大愿意与我们亲近的人交流。如果你已经开始和你的家人和朋友接触，就像你在这本书中所做的那样，你可能会发现完全相反的情况。家人和朋友关心的是我们，而不是我们的问题，只有人才是最重要的。你可能已经发现，事实上，朋友和家人都是乐于支持我们并想要提供帮助的。

在本书的开头，我们谈到了你希望有哪些改变。我们要求你对克服囤积问题之后的生活有一个愿景。我们每个人都有关于希望我们的生活变成怎样愿景。我们会采取措施来实现这一愿景。有时候，会有一些障碍来阻止我们实现它。而现在，在囤积问题上你已经取得了相当大的进步。现在是时候重新强调你的愿景了。阅读本章时，在头脑中回顾你的愿景，感受一下，对于实现它是有帮助的。

在第 2 部分中，我们讨论了如何安排你的时间，以便更好地处理囤积问题。如果谈论起你的日常生活轨迹，你可能不会把你经常从事的一些活动考虑在内，比如吃、喝、工作或购物等。这些活动也是你生活的一部分，你却很少需要考虑计划做这些事情的细节。例如，你无需思考就会知道你需要在午餐时间购买或准备食物。为了在你的日常安排中引入其他活动，你可以使用我们在第 4 章讨论过的日程安排技巧。一段时间后，这些引入的活动也会变成你的日常活动，从而提高你的生活质量。

过去我喜欢的活动有哪些？

现在我喜欢的活动有哪些？

我们常常感到我们无法确定哪些是我们想要参与的活动，或者我们觉得自己没有足够的钱来支持我们这些活动。但是事实上，有很多你可以参与而不需要付一分钱的活动。关键是你有动力并愿意付诸行动。寻找这些活动的一个优秀资源库就是你所在地的图书馆，还有社区组织的各种各样的活动。图书馆是当地社区的信息发布点。这是一个很好的地方，你可以在这里寻找你感兴趣的活动，并参与社交。

我该怎样开始参与一些我喜欢的活动？

我想和谁一起参与这些活动?

社区活动提供了与他人见面的机会，你可以为自己建立一个朋友圈和活动网络。这将帮助融入社区生活，建立自己的支持网络。多与他人接触有助于我们拓展自己的视野，帮助我们客观地理解遇到的困难。

在你的活动日程中写下你选择参与的活动，可能的话，用不同的颜色来标注它们。冒个险去参加你从未做过的活动。你不会知道自己是否会喜欢某些东西，除非你去尝试，就像你没有办法判断某些食物是否美味，除非你先尝一尝。仔细想一下生活中你参加过的活动，看看有多少活动在你真正参与之前，对你来说是陌生的。

志愿工作是一种很好的方式，可以让你建立新的活动习惯，并结识新朋友。志愿服务的好处是你可以想做多少就做多少，量力而行。这种活动也很灵活，方便你同时参加其他活动。同时，志愿活动也是回馈社会的一种形式。帮助他人会获得满足与成就感。

从报纸或网上搜索所在社区的活动，然后联系朋友和家人，问问他们是否知道哪些活动是比较有趣的。

考虑参加一门课程。我们总是在不断地进行某种形式的学习，无论是正式的还是非正式的。不是所有的课程都会有学术要求，有一些只是需要你的参与而已。记住，你可以带着自己的知识、技能和生活经验和别人分享。参加课程就是一个分享和互相学习的过程。

另一种可以考虑的选择就是参加讲座。在这些讲座中，你有机会遇到与你拥有相同兴趣的人。和一群志同道合的人在一起是不错的选择。这些讲座还有可能会引发相关的聚会活动。

所有这些活动都是结识他人、建立人际关系网的好方法。这种人际关系网将帮助你平衡你的社交活动，有效地安排自己的时间。此外，和他人在一起会为你提供社会支持。开始允许别人走进你的生活也是你重塑自己生活的一部分。可能会有那么个时间，你很想让别人来你家玩儿。这样也可以激励你继续克服你的囤积问题，确保你的居所可以美化成你愿景中的样子。邀请他人进入你的生活也会让你和家庭以外的世界有着更强的联系。

参加一个互助小组，这是一个很好的机会去结识和你有类似困难的人。与他们交往往往更容易，因为你觉得他们可能与你有相似的生活或想法，可以一起分享交流而不是评判你。在这个互助小组中你也可以分享你处理囤积问题的经验，这对其他人可能有帮助。如果你遇到其他需要支持的人，试着做他们的朋友，这也是一种巩固你所学知识和实践技能的方法。注意，你不需要只是在囤积问题上努力地支持别人，做一个朋友陪伴他们本身就会让彼此获益。

对耻辱和偏见的恐惧可能总是被潜藏起来。通过向家人、朋友和你信任的人披露你的囤积问题来挑战你的恐惧。你会惊讶地发现，人们通常都乐于提供支持帮助，而不会加以评判。你可能会得到别人的帮助，这是一个让别人走进你家的绝好机会。记住，你可以控制你想要透露的内容，以及他人接近你的程度。你可以借此机会和别人一起走出家门做一些事情，比如外出购物或喝咖啡。

在你家里，确保所有的空间都可以发挥它们本来的作用。也就是说，厨房可以用来做饭，卧室可以用来睡觉。要知道，你和囤积有关的生活方式只会维持和延续你囤积问题的存在。改变你的生活习惯，把曾经用来囤积物品的空间重新利用，这些都是你重塑生活的一部分。

随心所欲地装饰你的空间。长时间囤积的后果之一就是你看不到你的墙壁、地板或地毯的颜色。缺乏色彩的刺激会对你的情绪产生负面影响，削弱你参加活动的积极性。色彩照亮了环境，改善了你以往的感觉，让你重新开始欣赏你的房间。花些时间装饰你的空间，让它看起来令你赏心悦目。

渐渐地，随着时间的推移，你不仅在收复你的空间，而且还在慢慢重新找回本应属于你的精彩生活。你开始与他人接触得越多，你就越有可能参与到你家庭之外的活动中。

家人朋友必读

考虑到你的朋友或家人所面临的困难程度以及你的卷入程度，对你来说，重新找回你的生活也是很重要的。有时，我们会全心投入到支持他人的工作中，以至于我们在工作、家务及家庭责任这些事务之外，几乎没有自己的时间。阅读本章对你同样有帮助。也许你可以和你的朋友或家人一起做一些活动，来让你享受一天的快乐和充实生活？你可以组织一场社会活动，陪他们去咖啡馆，帮助他们找到适合他们兴趣的活动，可以是创造性的，比如音乐或艺术类的、历史或时事类的，或者是健身或娱乐。在很多情况下，鼓励都是具有激励作用并大有裨益的。然而，时机很重要，毕竟他们才拥有决定和选择的权力。在一些相关的活动，比如家庭社区活动，乃至社交活动中，邀请与你的家人或朋友可以帮助他们朝自己的愿景靠近，并重新过上属于他们的精彩生活。和他们谈谈他们的愿景，以及实现这一目标所需要的步骤。确保这些步骤是适当的。可以鼓励他们离开自己的舒适区，适当向外拓展，但一下子转变太大，让他们不知所措，或者一下子陷入令他们倍感煎熬的境地，可能就没有什么帮助了。有些人可能需要一点点地逐步建立信心，才能突破他们的舒适区。帮助他们清理房间，装饰或引入悦目的色彩，并邀请其他人来家中做客，可以帮助你的家人或朋友重塑精彩生活。有规律地从事一些你认为重要的事情，很可能会增加你的幸福感。这些重要的事情可能是家庭、人际关系、社会生活、工作、精神、健康健身、创造力、爱好、社区服务以及许多其他方面的。你的朋友或家人所创造的愿景很可能也包含了对他们来说最重要的事情。

小贴士

- 与家人和朋友保持交流。
- 将你认为有趣的活动记下来。了解更多关于这些活动的信息。
- 冒险做一些不同的尝试。
- 去你的舒适区外面看看，尝试做那些你平时没试过的事情。
- 看看你到目前为止在朝向目标的路上已经走了多远。
- 全心全意地生活，尊重并做你自己。
- 走出家门，多参加一些外面的活动会对你有帮助。
- 外出时，记下任何你觉得有趣的事情。探索任何可能的东西，并找出更多关于它的信息。
- 表现出你的好奇心，当你参加活动或与他人互动时，试着去发现更多。

阻碍

“我没有朋友。”

是否有朋友对于你参加活动来说并不重要。然而，一种愿意与他人交往的态度将会对你很有帮助。通过与他人交往，你会逐渐结交朋友。记住，陌生人只是你没有见过的朋友。

“走出家门参加活动，那已经是很多年前的事情了。我压根儿就不知道我能去哪儿。”

有时候，考虑做一些你很久没有做过的事情会让你感到畏缩。一种有帮助的方法就是出去走走，把时间花在你的家门之外。去当地的图书馆，去适应那里的环境，那里有很多人，你不需要与他们交流。你可以寻找当地你感兴趣的活动信息，这也是很有用的。尝试和其他人交谈，他们可能会给你一些不一样的想法。

“我不能让任何人走进我家；他们会感到厌恶，觉得我是个神经病。”

这是一种正常的、可以理解的恐惧或担忧，你担心会被他人评判，并以消极的方式思考，从而引发焦虑。如果你有过与家人或朋友分享你的状况，你会发现他们接受你，而不是因你的问题而评判你。其他人可能会对如何接近你感到焦虑，因为他们不想让你感到难受。然而，你是一个受问题困扰的人，而不是一个有问题的人。你会发现，当你允许别人进入你的生活和你的家时，他们通常会接受并支持你。与你的朋友讨论你的恐惧是很有用的，这会让你对他们会评判你的恐惧减轻。

关键信息

- 重塑生活是处理你囤积问题的重要部分。
- 利用你重塑生活的愿景来激励你。
- 你与朋友和家人的互动是你重塑生活的重要部分。
- 走出家门，参加各种活动是一种丰富你生活的好方法，也为你提供了结识新朋友的机会。
- 走出你的舒适区，去结识新朋友，尝试新奇有趣、令人兴奋的事情。
- 认识到你在应对生活方面的优势和适应能力。利用这些优势来迈出下一步。
- 选择你喜欢的活动并把它们安排在你的日程表中，这样就可以定期进行这些活动。
- 当你准备好了，邀请别人到你家里来。这将带来改变，使家成为一个社交场所，而不仅仅是一个你囤积物品的地方。

第四部分

守住胜利果实，谨防故态复萌

你可能还记得，我们在第一部分中讨论过，要记录下对你有益的练习。原因是为了帮助你继续你收复空间、重塑生活的旅程。开始工作，努力实现你的愿景并不意味着一劳永逸。你还需要继续努力前行，可能不会那么紧张，但还是需要付出努力。

要记住的最重要的事情之一，就是回顾你的房间清理之前、清理期间和清理结束后的照片。反思你所取得的进步，以及你所付出的努力。时刻提醒自己：

我做了些什么才到达了这里——我采取了哪些步骤？

现在问问自己，为了保持家中的干净整洁，我需要做些什么？

是什么在不断提醒我开始努力？

____

我继续前行的动力是什么？

____

____

____

是谁在一直支持着我？

____

____

____

我需要什么样的支持？

____

____

____

我是如何与他们沟通的？

____

____

____

把这些都写下来，因为今后它们还会对你有用。

重要的是要记住你是如何用这些有用的方法技巧，来重新规划安排你的新生活的。在第二部分的基础章节中，关键的一条信息是要留出时间，这意味着你应该保持一个你可以每天遵循的活动计划。这就像节食，改变你的饮食习惯，做出更健康的选择。生活中充满了需求，我们必须做一些事情，比如呼吸、吃饭和睡觉。这些是我们不假思索就会完成的事情，还有其他一些活动也是这样。

这本书的创作主旨就是要帮助你收复你的空间，重塑你的生活。不管做任何事情，促使自己做得更好的方法都是不断地去做；举个例子，如果你想做饭做得好吃，你就需要经常做饭，并在做饭时大胆尝试。同样地，在巩固你已经取得的成果并继续挑战你的囤积问题的时候，面对你囤积的杂物，你需要大胆一些，下决心清理它们。

定期重新审视你的愿景，从最开始到现在，回顾你的旅程。认可自己的努力——这并不简单，但值得努力。看看你从开始到现在拍摄的照片。识别这些变化并认清它们对你的意义。当你看着这些照片时，留心自己的感觉，并尽量让这种感觉保持一会儿。记得和你的朋友和家人分享你的进步。让他们庆祝你到目前为止所取得的成就。让他们成为你旅程的一部分。他们不一定非要为你做些什么，只是和你一起分享这些变化就够了。这将会有很大的不同。

不要麻痹大意。希望轻松是人类的天性，但你仍然有一些工作要做——即使和以前相比少一些。你现在处于保持阶段，需要的时间少一些，但是还是要坚持不懈，让整理成为日常生活的必做工作。回想一下你在重新找回自己的空间和生活的路上所遇到的障碍。记住自己采取的用来克服这些障碍的措施。

在你的进步中，保持责任心是很重要的。最终你需要对自己负责。对于一些人来说，能够和别人分享你在做些什么，进展如何是很有帮助的。记下你所采取过的行动，尤其是那些对你有帮助的行动。重温并反复践行可能是有用的——你可能会发现，你花的精力越多，收获也就越大。

制定个性化的囤积之花有助于你理解你的信念、情感和行为是如何在保持你的囤积行为中发挥作用的。定期回顾你的囤积之花是很有用的。概念化显示了当我们改变自己的行为、态度和处理情绪的方式时，内心发生的变化。你的概念化是你遇到困难的一张地图，但它也为你提供了钥匙或解决方案。利用好你自己的收复之花上，这将有助于巩固你迄今为止所取得的成就，增强你的动力，重塑你对过去所保存东西的信念。

制定一个每天的例行安排，比如将特定的时间用于整理和清理你的房间，这是很有帮助的。把这段时间看作与你的其他日常生活习惯一样，比如工作、吃饭和其他一些随着时间的推移而变得根深蒂固和不假思索的活动，你就可以轻松地完成它。

把你处理囤积问题的计划分解成更小的任务，这样它看起来不再那么令人生畏，并且你可以用网格法在可管理的领域工作。你会很容易看到进步，从中受到鼓舞。标出你已经整理过杂物的区域。用彩色卡片突出它们，这样你会更容易注意到你目前为止所取得的成就。花时间感受一下，享受你重新获得的空间。

降低你对于达到完美的渴望，认清你的这种渴望背后的信念。认识到妨碍你进步的信念，以及你调整过的，有助于你应对囤积问题的新信念。积极参加一些能强化新的、有益的信念的行为。充分利用"可抛弃"堆、"不可抛弃"堆以及"或许"堆的分类，了解什么是自说自话疗法。这种方法可以减少你花在检查和做决策上的时间。

留心无益的思维模式，注意自己是如何理解眼前的情境的，这又对你有什么影响。信念和假设是有用的，但它们必须是灵活变通的，这样才能更好地发挥作用。

在这段旅程中你一定遇到了不少障碍；反思一下，你是如何克服它们的。问问自己，我处理具体障碍的方式，反映出我处理面临的挑战的能力如何？

____

____

____

这将帮助你认识到在你遇到困难时你内在的韧性或力量。我们每天都在面对挑战、处理问题，继续我们的旅程，而往往对此浑然不觉。

留心你曾经陷入的陷阱，比如沉思和拖延。早点抓住它们，这样它们就不会失去控制，干扰到你想要收复空间和重塑生活的打算。

学会冒险。生活中没有什么是一定的，冒险可以帮助我们更好地学习和适应环境。不冒险，我们永远不会获得新知。反思一下你目前所尝试过的冒险。

与你囤积问题相关的结果是什么？

冒险的行为有没有帮助你变得更强大？

在你的经验中，冒险的好处是什么？

当你冒险时，你学到了什么？

善待自己。学会表现出对自己的宽容和理解。我们能够对他人表示友善和理解。在你的旅途中，有一种宽容的行为是保持耐心。你的囤积问题已经存在很长一段时间了，而且花了很多年才发展到现在这种难以克服的局面。接受改变需要花费时间，而且你正在逐渐向好的方向发展这一事实；不仅仅是对清理工作本身，对那些导致囤积问题的背后的因素也是如此。

希望改变瞬间发生，这是人的天性。进步虽是缓慢的，但要明确目标，知道你从哪里来，要到哪里去。定期审视你的囤积之花、收复之花，并及时做出改变和更新。通过执行与这些信念相一致的活动来强化你的新信念。举例来说，你的信念可能是，如果我少读一篇文章，这并不意味着我将会变得不博学。强化这一信念的新行为可能是：无需读遍每一张报纸，或者即使我没读的报纸我也要回收。通过改变你的行为，你的新思维方式得到强化，旧的信念变得不再那么强大。

有些时候你会觉得自己做得不够。要明白这是人之常情，不要对自己太苛刻，这样做只会让你失去动力，并导致你不想面对或处理你的杂物和囤积问题。本书试图帮你变得灵活一些。保持灵活可以帮助你在适应正在发生的变化时取得更大的进步。回顾你目前所做的工作，看看你取得的进步。

创作一份旅程的拼贴画，记录你收复空间、重塑生活的整个过程，这通常是很有帮助的。你拍摄的所有照片都可以帮助你创作拼贴画。以视觉的形式回顾你所取得的进步和变化是一个独特而有意义的。拼贴画记录了你的故事，以及你到目前为止所做的一切。

记住，要充分地利用你所回收的空间。在你新收复的空间享受生活是一种很有效的方式，可以帮助你认识到自己经过努力后获得的成果，并且能够为你提供继续清理囤积物的动力。尝试多与他人接触并邀请他们来家里做客；这将会让持续专注于清理你的空间。这也是一种庆祝你所取得的成就的方法，可以帮助你继续努力，处理你还存在的囤积问题。此外，其他人也可以为你提供支持。

有些时候你会觉得自己已经旧病复发了。比如说，你可能又购买报纸，然后囤积起来。把这叫做退步吧，而不是复发。回顾囤积之花和收复之花，可以帮助你重新回到正轨，制定一个稳妥的行动计划。

在处理杂物和囤积问题的方法上要前后保持一致。这种一致性将有助于维护你学习和练习的进度和结构。

我的预防复发计划

通读上文和你在这本书中所做的笔记，花些时间制定一个计划。

我仍旧存在的问题是什么？

写下你当前与囤积行为相关的问题以及它们对你产生的影响。

这些工作很重要，因为它们将帮助你集中精力解决当前的问题。

让我的囤积问题继续的原因是什么？

记录一些让你的问题继续的因素：比如，你的信念、情绪和行为。重新审视并再次规划适合你自己的囤积之花。

从本书的练习中我学到了什么？

写下你做练习的经验心得——对你有帮助的是什么？比如说，你是否要求家人和朋友帮忙？你所写的这些内容将会让你改变的关键因素。写下你的建议，提供给正在寻求帮助的囤积者朋友。

我需要做些什么来让我继续处理我的囤积问题？

首先把你继续处理你的囤积问题的计划写下来。有时候，想象你正在帮助一个有囤积问题的朋友，这样非常有用——详细地写下他们解决这个问题需要采取的步骤。

会有哪些隐藏的障碍？我将如何克服它们？

列出你在处理你自己的囤积问题时所面临的所有挑战和障碍。记录下你是如何应对它们，包括你采取的步骤和帮助。参阅这个的列表，会帮助你解决未来可能面临的挑战。

家人朋友必读

支持一个在保持阶段的克服囤积者虽然不需要那么热情和强烈，但是仍然是很重要的环节。我们很容易就认为工作已经完成了，其实保持环境整洁是一项日常任务。继续在他们身边陪伴，并为他们提供必要的支持，这本身就会带来改变。你可能会问你应该怎样参与他们的复发预防计划，还有什么是最有价值的。也许你还可以继续帮他们拍照片、把物品送到慈善商店，或者任何其他之前有效的方式。尊重他们的日常生活，在困难和障碍出现时提供帮助，就像你以前做的那样。可能会更注重与他们一起更好地利用已经收复的空间，享受新的生活。可以是一些新的支持方式，比如对家里进行装饰或组织活动邀请大家参加等等，都可能是很受欢迎的。享受收复的空间，享受现在的结果以及享受美好的生活。

小贴士

- 处理囤积问题的方法上需要保持一致。你所运用的每一项干预都涉及很多层面的工作——到信念、情感以及行为。
- 每天记录下对你有用的，以及你习惯使的练习。
- 定期回顾你的进展，使用你所拍摄的你进行清理的区域的照片来监测正在发生的变化。
- 看看你正在清理的区域的照片，认真观察正在发生的变化。有时你很难注意到变化，但是照片可以帮助你。
- 在练习的方法中可以加入自己的创意。随着计划的改变，要灵活变通。
- 先把目标瞄准一个更容易的小区域，然后再回到困难的分区打扫。
- 当你需要额外的支持时，让家人和朋友帮忙。
- 保持节奏和规律，使清理工作成为日常习惯的一部分。

- 及时发现自己已取得的进步，与家人和朋友分享，因为这有助于巩固进步。获得积极的反馈是有帮助的。
- 定期回顾你的 H.O.A.R.D. 工具，来不断保持你的动力和积极性。
- 每天回顾你的复发预防计划，因为它将帮助你集中精力在你仍需要解决的关键领域。

阻碍

“我不知道从哪里开始。”

从头到尾回顾一下这本书并仔细阅读你的笔记是很有帮助的。这些笔记将帮助你确定哪些内容是对你有用的，你可以将这些内容纳入你的复发预防计划。

“坚持完成每天的日常任务好难啊，我只能说尽量坚持。”

完成每天的日常任务是很重要的步骤。就像你生活中的其他活动一样，它将帮助你形成一个习惯。日常任务意味着你每天都要处理你的囤积问题，尽量减少杂物。

“复发预防计划会以怎样的方式给我提供帮助呢？我已经有这本书了呀。”

你现在有了一本很全面的书。但是，复发预防计划是对你当前的囤积问题的总结，它包含一些对你颇有帮助的关键干预措施。这其中至关重要的是，它凸显了**你**为了应对**你**的囤积问题采取的措施。在你面对困难时，它会提供合适的帮助——复发预防计划将为你提供一个解决问题的快速指南。制定这个计划也可以帮助了解你正处于克服囤积癖的哪个阶段，家中还有哪些区域需要清理，以及如何制定一个计划来清理这些区域。

关键信息

- 制定属于你的复发预防计划，因为它将有助于巩固你处理杂物和囤积的经验。
- 定期拍摄你正在工作的区域，以帮助你评估你的进步。
- 定期重新审视你的囤积之花和收复之花概念化。这个规划将为你提供解决问题的方法，认识到你已经取得的成果，并增强你克服问题的动力。
- 使用 H.O.A.R.D. 来帮助你注意到变化并激励你在其他区域的工作。
- 反复实践你的复发预防计划中那些你知道对你有帮助的干预措施，你会变得熟能生巧。
- 将复发预防计划放在一个你可以轻易看到的地方。
- 与你的家人和朋友分享你的复发预防计划，因为他们可能会在你面临障碍时帮助你。
- 承认你的收获，记录并庆祝你所取得的成就。

记住，这是一本自助指南类的书籍。它不能解决你所有的问题，但它可以为你提供一些有用的元素。当你在旅途中前进的时候，你也会发现并尝试其他的一些可以帮助你的内容。

我们要赞扬你在处理复杂问题时的勇气，你不断向前的力量，以及你在做决定时的智慧。我们祝愿你在你重新找回自己的空间和生活的旅途中一路顺利。永远不要忘记你从哪里来，要去哪里。心中不忘你的愿景，像火一样不断燃烧直到你真正实现梦想。

附　录

小贴士

以下是处理囤积问题的黄金法则大总结：

- 以内心的愿景激励自己。
- 在克服囤积癖的开始，以及每隔一段时间拍摄照片或画草图，以监测你的进度。
- 充分利用囤积之花和收复之花发展你个人关于囤积问题的概念化。
    - 参考自己的囤积之花概念化，它会帮助你理解持续囤积问题的你的信念、情绪和行为。
- 参考你个性化的收复之花概念化，以此作为你收复空间和重塑生活的指南。
- 定期回顾你的囤积之花和收复之花概念化，记录你在处理杂物和囤积问题时所取得的进展。
    - 利用你的活动安排表来帮助你每天坚持工作。
    - 先专注一个区域内的工作，完成之后再转向下一个区域。这会使你更直观地看到杂物的减少，给你带来希望和改变的可能性。

- 使用涂色卡片系统来帮助你将注意力放在你正在工作的区域。
    - 将要清理的物品直接扔掉，不要转移到其他房间——这就是所谓的内部回收，这种行为只能使囤积问题持续。
- 每次你出门时，带一袋杂物去丢掉或送掉。这将帮助你培养处理杂物的新模式。它还会帮助你养成从你的空间中去除不想要的东西的习惯。
    - 联系你可以信任的朋友或家人，与他们沟通你当天的计划，比如整理杂物腾出空间。稍后再打电话给他们，让他们知道你的进展。如果你没有合适的人可以联系和分享，那么请写下你的计划，并在每天结束时，回顾更新一下。
- 记录你每天所取得的成就，例如丢弃袋子的数量和清理过的区域等。
- 对每个区域内的杂物进行简单的分类，然后在每个大类别中划分清晰的标准，比如“可抛弃”堆和“不可抛弃”堆。
- 快速地查看每一个物品，并迅速决定它可以被放置的目标堆。
- 使用学习过的细分方法：“可抛弃”堆、“不可抛弃”堆以及“或许”堆。
- 避免重新筛查“可抛弃”堆中的物品，因为重新检查会产生犹豫。
    - 在处理维持你囤积问题的潜在机制时，使用自说自话的方法。
- 每天练习识别那些你拥有的不益的思维模式。
- 承认自我感受。有情绪是正常的。确定你的应对行为，并问问自己，这些行为在克服囤积问题时所扮演了什么角色。

- 学会容忍不舒服的感觉。
- 培养灵活和创新的态度。灵活性和创造性会让你有更大的自由度来处理你的囤积行为。
    - 尽量按照与你调整过的新信念一致的方式行事。
- 认清你的标准和期望，因为它们是你的障碍，会导致拖延症。
- 培养你对思维反刍和拖延的宽容，与这些想法和平相处，但不要和它们打交道。
- 每天坚持进行正念练习。你可以在任何活动中进行练习，在活动中实践，观照当下，并采取一种不评估或评判的态度。真实地看待当下的体验。
    - 在处理杂物和囤积问题时要有创造性。有时，尽管我们尽了最大的努力，但计划却没有成功。富有创造性会允许你以一种不同的方式看待这一点。
- 要意识到陷阱的存在，并提醒自己注意这些陷阱。这样你会尽早认清它们的真面目，而不会让它们成为障碍。
    - 多多走出家门参与活动；找回你的爱好，你想要实现的目标。
    - 每天尝试一点冒险。在冒险的时候要充满好奇心，因为这是一个发现的机会。
    - 测试你的预测，不要让未经证实的预测阻止你实现你的愿景。
    - 善待自己——以同情心来理解自己遇到的问题。认识到自己能达到目前的成就，是付出了不少坚持的。
- 如果你有其他问题，记得要寻求专业帮助。

无益的思维方式

非此即彼思维

非此即彼的思维方式包含以特定的方式看待事物。这种思维方式意味着没有灰色或者中间状态。事物无非就是好的或者坏的。非此即彼思维方式是呆板且僵硬的，导致我们会以相同方式看待所有事物。这种思维方式并没有给其他视角思考留下任何余地。让我们看一个雨天的例子。我们可以说那天一定是湿漉漉的，糟糕的天气（非此即彼思维），或者我们可以认为那天是湿漉漉的，气温比较温和，花园得到了雨水浇灌，这样就没有原来想象中那么消极。

乱贴标签

以一种消极的方式把自己、他人或者周围环境标上标签，例如，我是一无是处的废物、周围的都是坏人、这地方简直就是个破破烂烂的垃圾场。乱贴标签毫无益处，因为当我们给周围事物贴上标签时，我们就倾向于以相应的方式行事。比如，你给自己所处的环境贴上无药可救、毫无希望的标签。很有可能你即将努力清理这个地方的想法就泡汤了。

心理过滤

当你忽视周围的积极因素时，心理过滤就在起作用了。比如你非常努力地清理了房间，但是你忽视了你的成果，而老盯着那些你还没清理的区域。再比如，总是记着白天你没能按计划完成的事情。心理过滤会影响你——它会让人失去动力，过滤掉了所有好的一面。

否定正面

否定正面意味着不认可事物善意的、积极的方面。举例来说，你已经清理了房间的一部分，但是当你被问及你的房间收拾得怎么样时，你会说：“我还没做什么。”考虑到你并没有认识到你所做出的成就；你很容易心灰意冷，失去动力。

妄下结论

我们相信自己知道其他人是如何看待我们，又会怎样对我们。比如，你正在考虑告诉你最亲密的朋友或者家人你有囤积问题，你或许已经想到了，他们会以消极的方式来回应，因此你就不告诉他们了，也不会得到本可以得到的支持。现实中，其他人不一定会按照我们想象的方式作出回馈或者反应。

情绪推理

当我们将情绪和情感作为对现实的佐证时，我们就是在情绪推理。在准备整理自己空间时，你可能会说，“我可不觉得我能做成”，因此你连尝试都懒得尝试。无论你能还是不能清理干净你的空间，你都需要先迈出第一步去尝试。我们经常会情绪推理，难以发现事实的真相。

灾难性思维

当我们想象最坏的情况时，会把它当成一场灾难。比如当你允许你的朋友或者家人来帮助你时，你觉得他们会把一切搞得乱七八糟，并在你不知情的情况下扔掉你的物品。或者当你决定要扔掉一些旧报纸时，你担心或许未来还用得着它们。这样会导致你焦躁不安、过分担心。

不合理期待

你对自己和他人有着高要求、高期待。当这些期待过于刻板、无法满足时，它们就会影响你的情绪。举例来说，当整理你的空间时，如果你期望你将会清理一大批物品，但是却未能完成那个预期，就会导致你丧失积极性，产生消极情绪。记得让你的期待更具有适应性和灵活性，这样才能鼓励你继续向前。

以偏概全

武断地认为某件事情如果在你身上发生过一次，就会反复发生，这就是明显的以偏概全。如果你预约了一个朋友帮你清理物品，然而你却收到一条信息，说他有其他安排不能按时赴约，你会感觉失望沮丧。你或许有机会重新安排与朋友的会面，但是你却直接下结论说，他们会再次放你鸽子的，因为已经发生过一次。还有一个例子是，你清理干净了自己的空间，但是随着时间的推移，房间又慢慢被填满，你感觉受到了挫折，不高兴再做改变。这会导致你丧失积极性，直接放弃。

罪责归己

当你觉得某个负面事件是自己的错，你就是在罪责归己。比如你或许会觉得房间充满杂物完全是自己的罪责。罪责归己毫无帮助，它阻止你培养对你的问题的理解与接纳，而这些才真正对你有帮助。

预知未来

你或许会感觉，你知道事情会如何发展。假如你向一个朋友寻求帮助，请他帮助你整理杂物，你认为他们会扔掉所有物品，而你无力控制。结果就是你内心充斥着负面情绪，感觉自己无法应付，从而让你无法完成自己本打算完成的工作。预知未来是在毫无根据的情况下，预言未来会发生的事情。

低挫折耐受

当你忍耐挫折的容忍度比较低的时候，你会试图避免不适的感觉。举例来说，在清理杂物时你或许会体验到负面情绪，因此你需要通过忙于其他与囤积癖无关的活动，以避免这种负面情绪的泛滥。也或者你正试图扔掉你留存很久的物品，这个过程让你情绪低落，最终导致你继续保留这些囤积物来抚慰你低落的情绪。低挫折耐受导致你不再愿意进行处理囤积物的活动。

我的囤积之花

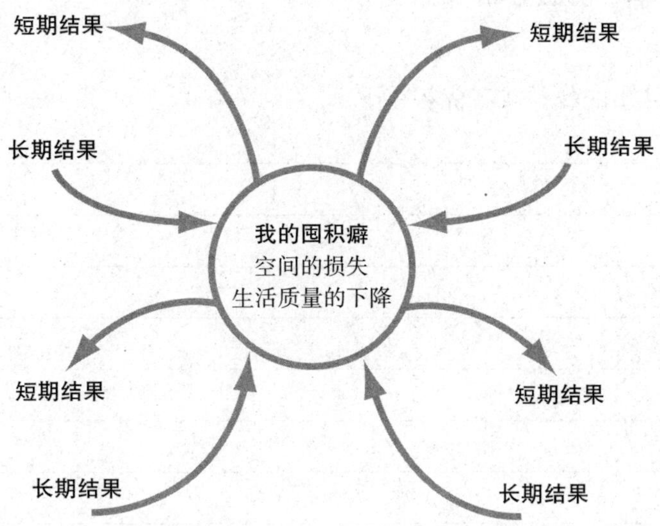

我的收复之花

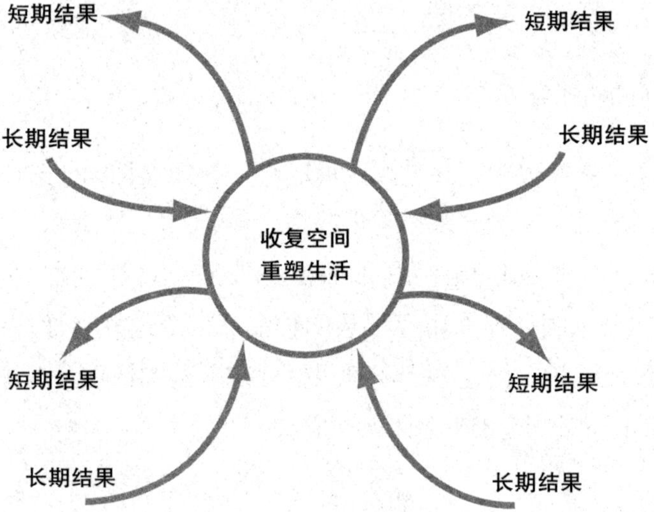

成本 / 收益分析表

这件事的收益或者优势在于：

____

____

____

____

____

____

____

____

短期收益

对己	对他人

长期收益

对己

对他人

短期成本

对己

对他人

长期成本

对己

对他人

杂乱图像评定法

摘自 Frost R. O.，Steekee G.，TolinD.，Renaud，S. 的《杂乱图像评定法的开发与验证》

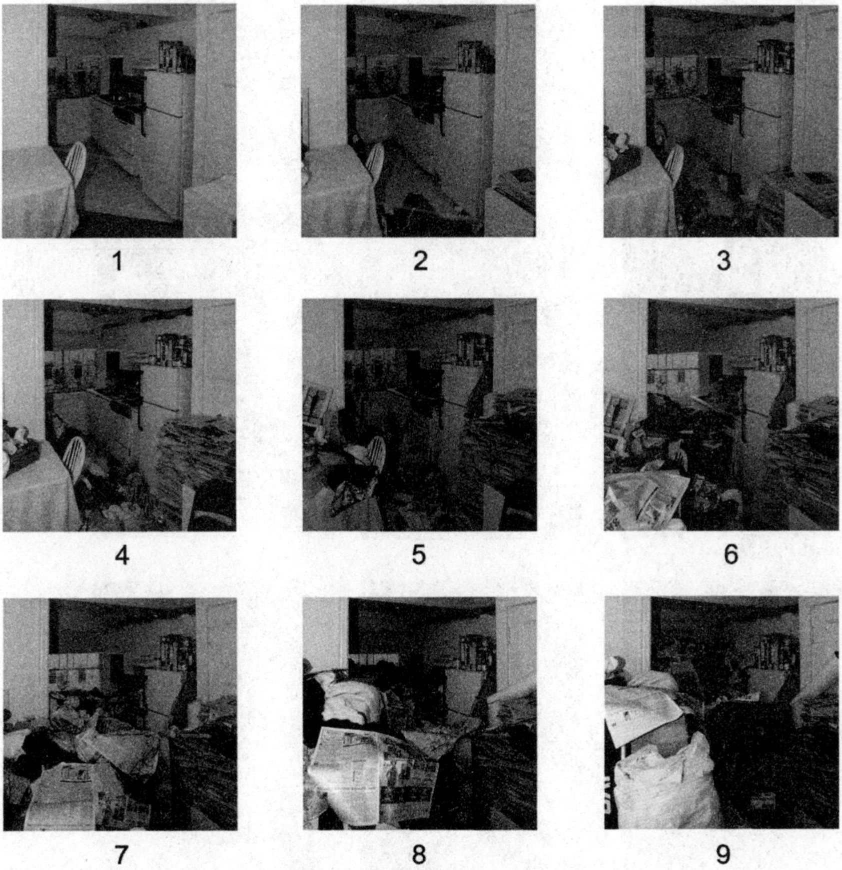

杂乱图像评定法：厨房

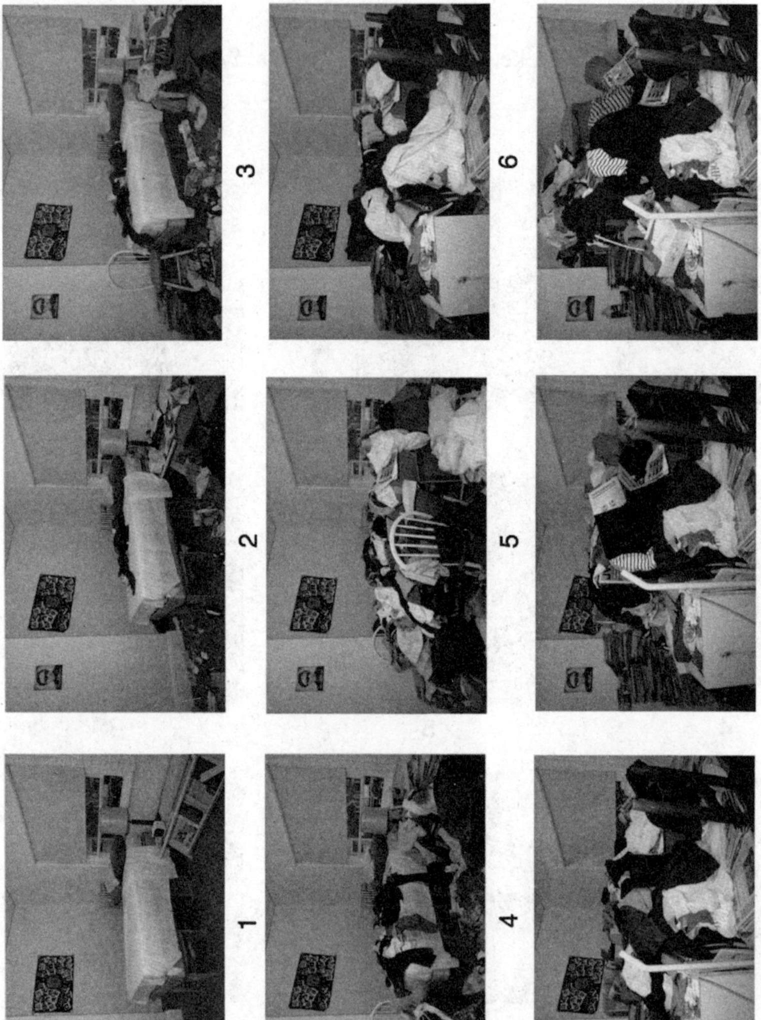

杂乱图像评定法：卧室

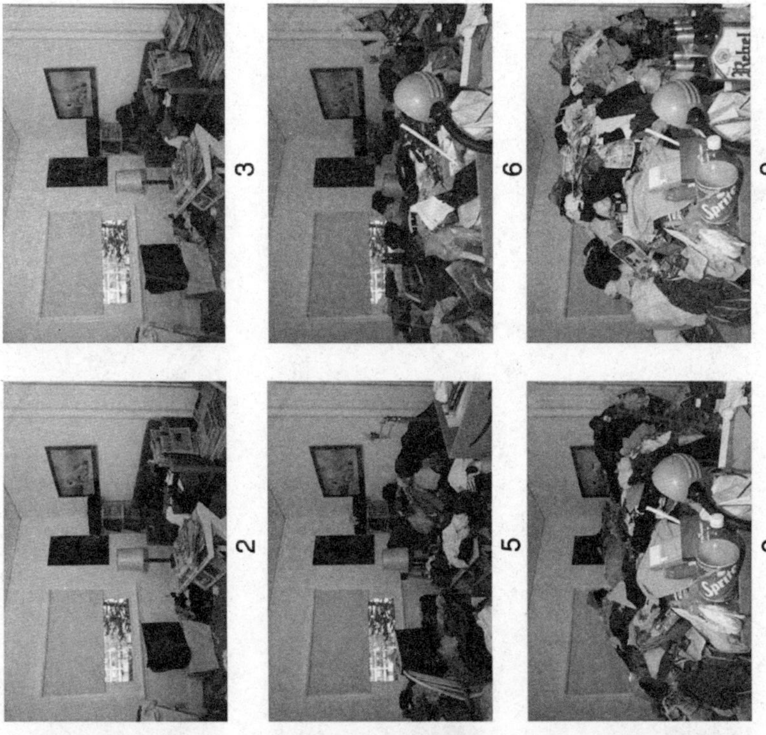

杂乱图像评定法：客厅